亚热带常绿阔叶林之窗

钱江源国家公园鸟类图鉴

Birds of Qianjiangyuan National Park

汪长林　钱海源　余建平　主编

ZHEJIANG UNIVERSITY PRESS
浙江大学出版社

图书在版编目（CIP）数据

钱江源国家公园鸟类图鉴 / 汪长林，钱海源，余建
平主编. -- 杭州 : 浙江大学出版社，2017.12
ISBN 978-7-308-17462-6

Ⅰ. ①钱… Ⅱ. ①汪… ②钱… ③余… Ⅲ. ①鸟类—
开化县—图集 Ⅳ. ①Q959.708-64

中国版本图书馆CIP数据核字（2017）第240001号

内容简介

本书共收录钱江源国家公园区域内分布的野生鸟类238种，隶属于17目63科，其中白颈长尾雉、白鹤为国家Ⅰ级重点保护野生动物，国家Ⅱ级重点保护野生动物有白鹇、勺鸡、赤腹鹰、鸳鸯、斑头鸺鹠、仙八色鸫等32种。本书在编写中参照郑光美主编的《中国鸟类分类与分布名录（第三版）》对所录鸟类进行了分类，并给出了每个种的中文名、拉丁学名、俗名、分布范围及生态习性。

本书可供从事鸟类学教学、科研工作以及农业、林业、环境保护、野生动物管理等领域的专业人员使用，也是观鸟爱好者野外观鸟的重要参考工具书。

钱江源国家公园鸟类图鉴

汪长林　钱海源　余建平　主编

责任编辑　冯其华（zupfqh@zju.edu.cn）

责任校对　沈国明

封面设计　刘依群

出版发行　浙江大学出版社

　　　　　　（杭州市天目山路148号　邮政编码310007）

　　　　　　（网址：http://www.zjupress.com）

排　　版　浙江时代出版服务有限公司

印　　刷　浙江省邮电印刷股份有限公司

开　　本　889mm×1194mm　1/12

印　　张　12.5

字　　数　150千

版印次　2017年12月第1版　2017年12月第1次印刷

书　　号　ISBN 978-7-308-17462-6

定　　价　98.00元

《钱江源国家公园鸟类图鉴》编委会

编委会主任： 程水珍　汪长林

编委会成员： 钱海源　郑　凯　童光蓉　宋小友　徐宇艳　余建平　余顺海
　　　　　　　汪家军　叶　凤　陈声文　陈小南　徐良怀

主　　编： 汪长林　钱海源　余建平

文 字 编 写：（以姓氏笔画排序）
　　　　　　　叶　凤　余建平　余顺海　汪长林　汪家军　宋小友　陈小南
　　　　　　　陈声文　钱海源　徐宇艳　徐良怀　程凌宏　童光蓉

图 片 摄 影：（以姓氏笔画排序）
　　　　　　　马德东　王大昌　牛蜀军　卢立群　冯　威　朱　英　朱曙升
　　　　　　　李沙泓　李明璞　吴成富　吴志华　汪福海　陈炳发　范忠勇
　　　　　　　罗永川　赵东江　赵丽娟　俞国民　钱新华　徐文莲　徐良怀
　　　　　　　程育全　童雪峰　谢营乔　解　磊

审　　稿： 丁　平

序

　　钱江源国家公园地处浙、皖、赣三省交界的开化县境内，是钱塘江的源头。区域内保存着大片的低海拔的中亚热带原始常绿阔叶林，生物资源丰富，是我国白际山脉生物多样性保护的重要组成部分。

　　拥有丰富生物多样性资源的开化不仅是众多动植物分类学家、生态学家和保护生物学家的理想研究之地，亦是本人鸟类学研究及学术生涯的起步之地。从 20 世纪 80 年代至今，我曾长时间、多次在该区域从事鸟类生态学与保护生物学研究，特别是对国家 I 级重点保护野生动物、世界受胁物种——白颈长尾雉进行了长期研究，并对这里的山山水水和鸟类产生了一份特殊的亲切感。

　　20 世纪 80 年代初，我们在古田山地区共记录鸟类 90 种；1999 年，对古田山地区进行鸟类资源调查，共记录 146 种。近年来，随着开化生态保护力度的加大、钱江源区域生态环境的改善，野生动物栖息地得到了有效保护与恢复，生物资源越来越丰富，所记录到的鸟类种数亦逐年增加。同时，随着越来越多野外观鸟爱好者的加入，浙江省野生动植物保护协会野鸟分会队伍的不断壮大，特别是开化本地鸟类摄影爱好者素质的提升，以及摄影器材升级，他们不断发现新记录种，并图文并茂地加以记载，这为普查野鸟提供了大量珍贵的照片资料。尤其是他们拍摄到的部分鸟类的幼鸟、成鸟、雄鸟及雌鸟等的不同形态、体征、羽毛等特征，都是难能可贵的资料，极大地提高了人们识别、鉴别鸟类的能力，也丰富了该区域的鸟类资源。

　　2016 年年末，我有幸阅读了《钱江源国家公园鸟类图鉴》的书稿，其中共选编该区域记录的野生鸟类 17 目 63 科 238 种，这是迄今对钱江源国家公园及周边区域进行的一次最为全面的鸟类资源调查研究。本书是一本高质量的地方鸟类图志，也是一本在该区域开展观鸟活动、科学研究及生态保护、管理和宣传工作可资利用的实用工具书。同时，该书所展示的一幅幅精美的野外鸟类写真彩色图片，可以使读者在认识、了解钱江源国家公园鸟类的同时，也欣赏到钱江源国家公园鸟类之自然美。

浙江大学　丁平

2017 年 3 月 30 日

前 言

钱江源国家公园位于浙江省开化县西北部，浙、皖、赣三省交界处，地处浙江最大水系钱塘江的源头，总面积252km²。钱江源国家公园由古田山国家级自然保护区、钱江源国家森林公园、钱江源省级风景名胜区以及上述自然保护地之间的连接地带整合而成。该区域是我国17个最具全球保护意义的生物多样性保护关键地区之一，是华东地区重要的生态屏障，承载着钱塘江流域的生态安全，是全国10个国家公园体制试点区之一、长三角地区唯一的国家公园体制试点区。

钱江源国家公园保存着全球最完好的、低海拔的中亚热带原始常绿阔叶林，生物资源丰富，是保存生物物种的天然基因库。据统计，1975—1999年，有21家国内外科研院所到该区域开展过各类调查研究工作，调查结果记录了野生鸟类146种。2000—2016年，浙江大学、北京大学、中国科学院植物研究所、浙江师范大学、浙江自然博物馆、宁波大学、温州大学等高等院校、科研院所也先后在该区域内开展野生鸟类种群的调查研究，其中2013—2016年浙江省野生动植物保护协会野鸟分会共组织了5次野生鸟类调查监测活动。近年来，到钱江源国家公园拍摄野外鸟类的爱好者不断增多，特别是古田山国家级自然保护区全境网格化红外相机的布设，被发现的野生鸟类逐年增多。开化本地的野鸟摄影爱好者徐良怀等人常年在钱江源国家公园及周边拍摄野鸟，他们为本书提供了大量珍贵的照片。按照郑光美主编的《中国鸟类分类与分布名录（第三版）》分类方法进行统计，目前公园内有野生鸟类共17目63科238种，其中国家I级重点保护野生动物白颈长尾雉在此区域内分布较集中、数量较多，因此钱江源国家公园被中国野生动物保护协会授予"中国白颈长尾雉之乡"的称号；国家II级重点保护野生动物有白鹇、勺鸡、赤腹鹰、鸳鸯、斑头鸺鹠、仙八色鸫等32种，因此钱江源国家公园素有"神秘原始森林，野生鸟类天堂"之美称。

本书所选用的鸟类图片以在钱江源国家公园内实地拍摄的照片为主，极少数选用了非本地拍摄的照片。本书按照鸟种雌雄异色、季节差异和成幼差异的原则，共选用鸟类照片267张。

编者

2017年10月

目 录

1 鸡形目 | Galliformes

1.1 雉 科 Phasianidae

1.1.1 灰胸竹鸡 *Bambusicola thoracicus*

俗　　名：普通竹鸡、竹鹧鸡。

外形特征：中等体型（体长约33cm）的红棕色鹑类。特征为额、眉线及颈项蓝灰色，与脸、喉及上胸的棕色成对比。雌雄同色。雄鸟脚上有距。

生活习性：常在山地、灌丛、草丛、竹林等地方结群活动。啄食杂草种子、嫩芽、柔叶、谷粒，以及蝗虫、蝗蛹、蚂蚁、白蚁和蠕虫。

分布范围：我国南方特有种。曾引种至日本。留鸟，钱江源国家公园内常见。（徐良怀摄）

1

雌

雄

1.1.2 勺鸡 *Pucrasia macrolopha*

俗　　名：刁鸡、松鸡。

外形特征：体大（体长约61cm）而尾相对短的雉类。具明显的飘逸型耳羽束。

生活习性：常栖息于海拔1000～4000m的松林及针阔叶混交林中，特别喜欢在高低不平且密生灌丛的多岩坡地上活动。以植物的根、果实及种子为主食。

分布范围：我国中部及东部。国家Ⅱ级重点保护野生动物。留鸟，钱江源国家公园内偶见。

（解磊摄）

1.1.3 白鹇 *Lophura nycthemera*

俗　　名：银鸡。

外形特征：雄鸟：体大（体长94～110cm）的蓝黑色雉类。尾长而白，背白色，头顶黑色，长冠羽黑色，中央尾羽纯白色。雌鸟：上体橄榄褐色至栗色，下体具褐色细纹或杂有白色或皮黄色，具暗色冠羽及红色脸颊裸皮。

生活习性：栖息于多林的山地，从山脚直至海拔1500m，尤喜在山林下层的浓密竹丛间活动。食物主要是昆虫以及各种浆果、种子、嫩叶和苔藓等。

分布范围：我国南部各省（区、市）。国家Ⅱ级重点保护野生动物。留鸟，钱江源国家公园内常见。（徐良怀摄）

1.1.4 白颈长尾雉 *Syrmaticus ellioti*

俗　　名：横纹背鸡、红山鸡、高山雉鸡、地花鸡等。

外形特征：雄鸟体大（体长约81cm）。头色浅，棕褐色尖长尾羽上具银灰色横斑，颈侧白色，翼上带横斑，腹部及肛周白色。雌鸟体长约45cm，头顶红褐色，枕及后颈灰色。

生活习性：以常绿阔叶林、针阔叶混交林、针叶林、竹林和疏林灌丛等植被为栖息地。主要以植物为食，也摄食昆虫等动物。

分布范围：分布于我国长江以南的安徽南部、浙江、福建、江西、湖南、广东、广西。国家Ⅰ级重点保护野生动物。留鸟，钱江源国家公园内常见。
　　　　　（左图：红外相机摄；右图：张词祖摄）

1.1.5 环颈雉 *Phasianus colchicus*

俗　　名：雉鸡、山鸡、项圈野鸡等。

外形特征：雄鸟体大（体长约85cm）。头部具黑色光泽，有显眼的耳羽簇，宽大的眼周裸皮鲜红色。雌鸟体小（体长约60cm）。体色暗淡，周身密布浅褐色斑纹。

生活习性：栖息于中低山和丘陵的灌丛、竹丛或草丛中。喜食谷类、浆果、种子和昆虫。

分布范围：西古北区的东南部、中亚、西伯利亚南部、中国（台湾）、朝鲜、日本。留鸟，钱江源国家公园内常见。（徐良怀摄）

2 雁形目｜Anseriformes

2.1 鸭　科 Anatidae

2.1.1 鸿雁 *Anser cygnoid*

俗　　名：原鹅、大雁、洪雁、黑嘴雁等。

外形特征：体大（体长约88cm）而颈长的雁。雌雄相似，黑且长的嘴与前额呈一直线，一道狭窄白线环绕嘴基。上体灰褐色但羽缘皮黄色。前颈白色，头顶及颈背红褐色，前颈与后颈有一道明显界线。

生活习性：主要栖息于开阔平原和平原草地上的湖泊、水塘、河流、沼泽及其附近地区。主要以植物为食，也摄食少量甲壳类和软体动物等，特别是在繁殖季节。

分布范围：繁殖于蒙古、中国东北及西伯利亚，越冬于中国中部、东部以及朝鲜。冬候鸟，钱江源国家公园水域偶见。（徐良怀摄）

2.1.2 豆雁 *Anser fabalis*

俗　　名：东方豆雁、西伯利亚豆雁、普通大雁、麦鹅。

外形特征：体大（体长约80cm）的灰色雁。与粉脚雁类似，但足为橘黄色；颈色暗，嘴黑色，且具橘黄色次端条带。飞行中较其他灰色雁类色暗而颈长。

生活习性：栖息于江河、湖泊，也活动于农田。喜结群，常与鸿雁混群。主要以植物为食。

分布范围：繁殖于欧洲及亚洲泰加林，在温带地区越冬。冬候鸟，钱江源国家公园水域偶见。（徐良怀摄）

2.1.3 灰雁 Anser anser

俗　　名：大雁、沙鹅、灰腰雁、红嘴雁、沙雁、黄嘴灰鹅。

外形特征：雄鸟略大于雌鸟，体大（体长约76cm）。以粉红色的嘴和脚为本种特征。头顶和后颈褐色；嘴基有一条窄的白纹，繁殖期间呈锈黄色，有时白纹不明显。

生活习性：主要栖息在不同生境的淡水水域中。食物主要为各种水生植物和陆生植物的叶、根、茎、嫩芽、果实和种子等，有时也摄食螺、虾、昆虫等动物。

分布范围：分布于欧洲北部、西伯利亚、中亚、东亚、东南亚。冬候鸟，钱江源国家公园水域偶见。（朱曙升摄）

2.1.4 白额雁 Anser albifrons

俗　　名：大雁、花斑雁、明斑雁。

外形特征：体大（体长70～85cm）的灰色雁。腿橘黄色，有白色斑块环绕嘴基，腹部具大块黑斑，雏鸟黑斑小。

生活习性：主要栖息在开阔的湖泊、水库、河湾、海岸及其附近开阔的平原、草地、沼泽和农田。主要以植物为食。

分布范围：黑龙江（哈尔滨）、内蒙古（呼伦贝尔盟）、辽宁（营口、辽阳、朝阳）、新疆（喀什）、西藏（昌都西南部），东部沿海各省至台湾，西至湖北、湖南。国家Ⅱ级重点保护野生动物。冬候鸟，钱江源国家公园水域偶见。（朱曙升摄）

2.1.5 小天鹅 Cygnus columbianus

俗　　名：短嘴天鹅、啸声天鹅、苔原天鹅等。

外形特征：较高大（体长约142cm）的白色天鹅。嘴黑色，但基部黄色区域较大天鹅小。上嘴侧的黄色不呈前尖，且嘴上中线黑色。

生活习性：生活在多芦苇的湖泊、水库和池塘中。主要以水生植物的根茎和种子等为食，也兼食少量水生昆虫、蠕虫、螺类和小鱼。

分布范围：北欧及亚洲北部，在欧洲、中亚、中国及日本越冬。我国境内主要分布于东北、内蒙古、新疆北部及华北一带，于南方越冬，偶见于台湾。国家Ⅱ级重点保护野生动物。冬候鸟，钱江源国家公园水域偶见。（朱曙升摄）

2.1.6 鸳鸯 *Aix galericulata*

俗　　名：官鸭。

外形特征：体小（体长约40cm）。雄鸟外表极为艳丽，有醒目的白色眉纹、金色颈、背部长羽以及拢翼后可直立的独特的棕黄色炫耀性"帆状饰羽"。雌鸟不甚艳丽，具亮灰色体羽及雅致的白色眼圈及眼后线。

生活习性：一般生活在针阔叶混交林及附近的溪流、沼泽、芦苇塘与湖泊等处。主要以植物性食物、各种昆虫和幼虫以及小鱼、蛙、蝲蛄、虾、蜗牛、蜘蛛等动物为食。

分布范围：分布于我国东北、内蒙古及河北、长江下游、福建、台湾及广东。国外见于俄罗斯、朝鲜及日本等。国家 II 级重点保护野生动物。冬候鸟，钱江源国家公园水域常见。（徐良怀摄）

2.1.7 赤颈鸭 *Mareca penelope*

外形特征：中等体型（体长约47cm）的大头鸭。雄鸟头栗色且带皮黄色冠羽。体羽多灰色，两胁有白斑，腹白色，尾下覆羽黑色。雌鸟通体棕褐色或灰褐色，腹白色。

生活习性：栖息于江河、湖泊、水塘、河口、海湾、沼泽等各类水域中。主要以植物为食，也摄食少量小动物。

分布范围：古北界。南方越冬。冬候鸟，钱江源国家公园水域偶见。（牛蜀军摄）

2.1.8 绿头鸭 *Anas platyrhynchos*

外形特征：中等体型（体长约58cm），为家鸭的野型。雄鸟头及颈深绿色，带光泽，白色颈环使头与栗色胸隔开。雌鸟褐色斑驳，有深色的贯眼纹。较雌针尾鸭尾短而钝；较雌赤膀鸭体大，且翼上图纹不同。

生活习性：主要栖息于水生植物丰富的湖泊、河流、池塘、沼泽等水域中。主要以植物为食，也摄食软体动物、甲壳类、水生昆虫等动物性食物。

分布范围：全北区。南方越冬。冬候鸟，钱江源国家公园水域偶见。（徐良怀摄）

2.1.9 斑嘴鸭 *Anas zonorhyncha*

俗　　名：谷鸭、黄嘴尖鸭、火燎鸭等。

外形特征：体大（体长约60cm）的深褐色鸭。头色浅，顶及眼线色深，嘴黑色，嘴端黄色，于繁殖期黄色嘴端顶尖有一黑点为本种特征。

生活习性：主要栖息在内陆各类大小湖泊、水库、江河、水塘、河口、沙洲和沼泽地带。主要以植物为食，也摄食昆虫、软体动物等。

分布范围：东自东北，西达甘肃，南抵广东、云南及西藏，常在华中和华南地区终年留居。国外见于印度、斯里兰卡、澳大利亚及新西兰等。冬候鸟，钱江源国家公园水域偶见。（徐良怀摄）

2.1.10 针尾鸭 *Anas acuta*

俗　　名：尖尾鸭、长尾凫、长闹、拖枪鸭、中鸭。

外形特征：中等体型（体长约55cm）的鸭，尾长而尖。雄鸟头棕色，喉白色，两胁有灰色扇贝形纹，尾黑色，下体白色。雌鸟暗淡褐色，上体多黑斑；下体皮黄色，胸部具黑点。

生活习性：栖息于各种类型的河流、湖泊、沼泽、盐碱湿地、水塘以及开阔的沿海地带和海湾等生境中。主要以草籽和水生植物为食。

分布范围：遍及我国东北和华北各省（区、市）。新疆西北部及西藏南部有繁殖记录。冬候鸟，钱江源国家公园水域偶见。（徐良怀摄）

2.1.11 绿翅鸭 *Anas crecca*

俗　　名：八鸭、巴鸭、小麻鸭等。

外形特征：体小（体长约37cm）。雄鸟有明显的金属亮绿色，带皮黄色边缘的贯眼纹横贯栗色的头部，肩羽上有一道长长的白色条纹。雌鸟褐色斑驳，腹部色淡。

生活习性：栖息在开阔的大型湖泊、江河、河口、港湾、沙洲、沼泽和沿海地带。冬季主要以植物为主。其他季节除取食植物，也摄食螺、甲壳类、软体动物、水生昆虫和其他小型无脊椎动物。

分布范围：繁殖于整个古北界。南方越冬。冬候鸟，钱江源国家公园水域常见。（徐良怀摄）

2.1.12 凤头潜鸭 *Aythya fuligula*

俗　　名：泽凫、凤头鸭子、黑头四鸭。

外形特征：中等体型（体长约42cm）、矮扁结实的鸭。头带特长羽冠（头顶有一根略长而下垂的"小辫"，即所谓的凤头，雌性稍不明显）。

生活习性：主要栖息于湖泊、河流、水库、池塘、沼泽、河口等开阔水面上。食物主要为虾、蟹、蛤、水生昆虫、小鱼、蝌蚪等动物，有时也摄食少量水生植物。

分布范围：繁殖于整个北古北区。南方越冬。冬候鸟，钱江源国家公园水域偶见。（陈炳发摄）

3 鹏䴙目 | Podicipediformes

3.1 䴙䴘科 Podicipedidae

3.1.1 小䴙䴘 *Tachybaptus ruficollis*

俗　　名：刀鸭、䴙䴘、油鸭等。

外形特征：体小（体长约27cm）且矮扁的深色䴙䴘，趾间有宽阔的蹼。繁殖期羽：喉及前颈偏红，头顶及颈背深灰褐色，上体褐色，下体偏灰色，具明显的黄色嘴斑。非繁殖期羽：上体灰褐色，下体白色。

生活习性：喜生活在清水及有丰富水生生物的湖泊、沼泽及涨过水的稻田中。通常单独或成分散小群活动。食物主要为各种小型鱼类。

分布范围：非洲、欧洲、西伯利亚、印度、中国、日本、东南亚。留鸟，钱江源国家公园水域常见。（徐良怀摄）

3.1.2 凤头䴙䴘 *Podiceps cristatus*

俗　　名：浪花儿、浪里白。

外形特征：体型最大（体长约50cm）的一种䴙䴘，具有显著的黑色羽冠。嘴又长又尖，从嘴角到眼睛长有一条黑线。身体上的羽毛短而稠密，具有抗湿性，不透水。

生活习性：成对或集成小群在既具开阔水面又长有芦苇、水草的湖泊中活动，极善水性。以鱼为主食。

分布范围：古北界、非洲、印度、澳大利亚及新西兰。冬候鸟，钱江源国家公园水域偶见。（牛蜀军摄）

4 鸽形目 | Columbiformes

4.1 鸠鸽科 Columbidae

4.1.1 山斑鸠 *Streptopelia orientalis*

俗　　名：斑鸠、东方斑鸠、金背斑鸠等。

外形特征：中等体型（体长约32cm）的偏粉色斑鸠。颈侧具带明显黑白色条纹的块状斑。上体的体羽具深色扇贝斑纹，羽缘棕色，腰灰色，尾羽近黑色，尾梢浅灰色。

生活习性：多栖息在开阔农耕区、村庄及房前屋后、寺院周围，或小沟渠附近，取食于地面。食物多为带壳谷类，如高粱谷、粟谷等，也食用一些樟树籽核、初生螺蛳等。

分布范围：印度、朝鲜、韩国、日本、中国。北方鸟南下越冬。留鸟，钱江源国家公园内常见。（徐良怀摄）

4.1.2 珠颈斑鸠 *Streptopelia chinensis*

俗　　名：花斑鸠、花脖斑鸠、珍珠鸠等。

外形特征：中等体型（体长约30cm）的粉褐色斑鸠。尾略显长，外侧尾羽前端的白色甚宽，飞羽较体羽色深。明显特征为颈侧满是白点的黑色斑块。

生活习性：栖息环境较为固定，如无干扰，可以较长时间不变。主要以植物种子为食，特别是农作物种子，有时也取食蝇蛆、蜗牛、昆虫等。

分布范围：常见并广布于东南亚；由小巽他群岛引种其他各地，远至澳大利亚。留鸟，钱江源国家公园内常见。（徐良怀摄）

5 夜鹰目 | Caprimulgiformes

5.1 夜鹰科 Caprimulgidae

5.1.1 普通夜鹰 *Caprimulgus indicus*

俗　　名：鬼鸟、贴树皮、夜燕等。

外形特征：中等体型（体长约28cm）的偏灰色夜鹰。雄鸟缺少长尾夜鹰的锈色颈圈；外侧四对尾羽具白色斑纹，飞翔时尤为明显。雌鸟似雄鸟，但白色块斑呈皮黄色。

生活习性：主要栖息于海拔3000m以下的阔叶林和针阔叶混交林中。主要以天牛、岔龟子、甲虫、夜蛾、蚊、蚋等昆虫为食。

分布范围：印度次大陆、中国、东南亚；冬季南迁至印度尼西亚越冬。夏候鸟，钱江源国家公园内偶见。（范忠勇摄）

5.2 雨燕科 Apodidae

5.2.1 白腰雨燕 *Apus pacificus*

俗　　名：白尾根麻燕、野燕、雨燕。

外形特征：体型略大（体长约 18cm）的污褐色雨燕。尾长而尾叉深，颏偏白色，腰上有白斑。

生活习性：主要栖息于陡峻的山坡、悬岩上，尤其是靠近河流、水库等水源附近的悬岩峭壁较为喜欢。以各种昆虫为食。

分布范围：繁殖于西伯利亚及东亚，冬季迁移经东南亚至澳大利亚越冬。夏候鸟，钱江源国家公园内偶见。（牛蜀军摄）

5.2.2 小白腰雨燕 *Apus nipalensis*

外形特征：中等体型（体长约 15cm）的偏黑色雨燕。喉及腰白色，尾为凹型非叉型。

生活习性：主要栖息于开阔的林区、城镇、悬岩和岩石海岛等生境中。有时亦与家燕混群飞翔于空中。在配偶期间，雌雄彼此追逐。捕捉蚊等膜翅目昆虫为食。

分布范围：非洲、中东、印度、中国南部、日本、东南亚。夏候鸟，钱江源国家公园内常见。（徐良怀摄）

6 鹃形目 | Cuculiformes

6.1 杜鹃科 Cuculidae

6.1.1 小鸦鹃 *Centropus bengalensis*

俗　　名：小黄蜂、小毛鸡、小鸟鸦雉等。

外形特征：体略大（体长约42cm）的棕色和黑色鸦鹃。尾长，上背及两翼的栗色较浅。中间色型的体羽常见。

生活习性：喜山边灌木丛、沼泽地带及开阔的草地（包括高草）。主要以昆虫和其他小型动物为食，也食用少量植物果实与种子。

分布范围：印度、中国、东南亚。国家Ⅱ级重点保护野生动物。留鸟，钱江源国家公园内常见。（徐良怀摄）

6.1.2 红翅凤头鹃 *Clamator coromandus*

俗　　名：红翅凤头额咕。

外形特征：体大（体长约45cm）的黑白色及棕色杜鹃。尾长，具显眼的直立凤头。顶冠及凤头黑色，背及尾黑色且带蓝色光泽，翼栗色，喉及胸橙褐色，颈圈白色，腹部近白色。

生活习性：主要栖息于低山丘陵和山麓、平原等开阔地带的疏林和灌木林中。以白蚁、毛虫、甲虫等昆虫为食，偶尔也食用植物果实。

分布范围：繁殖于印度、中国南部及东南亚，冬季迁徙至菲律宾及印度尼西亚。夏候鸟，钱江源国家公园内偶见。（罗永川摄）

6.1.3 噪鹃 *Eudynamys scolopaceus*

俗　　名：哥好雀、嫂鸟。

外形特征：体大（体长约42cm）的杜鹃。全身黑色（雄鸟）或白色杂灰褐色（雌鸟），嘴绿色。

生活习性：常隐蔽于大树顶层茂盛的枝叶丛中。主要以榕树、芭蕉和无花果等植物的果实、种子为食，也取食毛虫、蚱蜢、甲虫等昆虫及昆虫幼虫。

分布范围：噪鹃华南亚种为我国北纬35°以南大多数地区的夏季繁殖鸟；噪鹃海南亚种为海南岛的留鸟。夏候鸟，钱江源国家公园内常见。（徐良怀摄）

6.1.4 四声杜鹃 *Cuculus micropterus*

俗　　名：光棍背钮、花喀咕、豌豆八哥等。

外形特征：中等体型（体长约30cm）的偏灰色杜鹃。似大杜鹃，区别在于尾灰色并具黑色次端斑，且虹膜较暗，灰色头部与深灰色的背部成对比。

生活习性：出没于平原以及高山的大森林中，非常隐蔽。主要以昆虫为食，特别是毛虫，这种食性在其他鸟类中很少见。

分布范围：东亚、东南亚。夏候鸟，钱江源国家公园内偶见。（牛蜀军摄）

6.1.5 中杜鹃 *Cuculus saturatus*

俗　　名：中喀咕。

外形特征：体长约26cm。腹部及两胁多具宽的横斑。雄鸟及灰色雌鸟胸及上体灰色，尾纯黑灰色而无斑，下体皮黄色且具黑色横斑。

生活习性：栖息于山地针叶林、针阔叶混交林和阔叶林等茂密的森林中。主要以昆虫为食。

分布范围：繁殖于欧亚北部及喜马拉雅山脉，冬季迁徙至东南亚。另有数个亚种作为留鸟见于大巽他群岛。夏候鸟，钱江源国家公园内偶见。（徐良怀摄）

6.1.6 大杜鹃 *Cuculus canorus*

俗　　名：布谷、获谷、喀咕等。

外形特征：中等体型（体长约32cm）的杜鹃。嘴长2cm多，呈黑褐色，口腔上皮和舌呈红色。上体灰色，尾偏黑色，腹部近白色，且具黑色横斑。

生活习性：喜开阔的有林地带及大片芦苇地，有时停在电线上找寻大苇莺的巢。取食鳞翅目幼虫、甲虫、蜘蛛、螺类等。食量大，对消除害虫有相当大作用。

分布范围：繁殖于欧亚大陆，冬季迁徙至非洲及东南亚。夏候鸟，钱江源国家公园内偶见。（牛蜀军摄）

7 鹤形目 | Gruiformes

7.1 秧鸡科 Rallidae

7.1.1 普通秧鸡 *Rallus indicus*

俗　　名：秋鸡、水鸡。

外形特征：中等体型（体长约29cm）的暗深灰色秧鸡。上体多纵纹，头顶褐色，脸灰色，眉纹浅灰色而眼线深灰色。颏（脸的最下方）白色，颈及胸灰色，两胁具黑白色横斑。

生活习性：栖息于水边植被茂密处、沼泽及红树林。以昆虫、小鱼、甲壳类、软体动物等为食。

分布范围：欧亚大陆、非洲、印度次大陆。冬候鸟，钱江源国家公园水域偶见。（徐良怀摄）

7.1.2 红脚田鸡 *Zapornia akool*

外形特征：中等体型（体长约28cm），色暗而腿红。上体全橄榄褐色，脸及胸部青灰色，腹部及尾下褐色。幼鸟灰色较少。体羽无横斑。

生活习性：性机警、隐蔽，白天在植物茂密处或水边草丛中活动。主要取食昆虫、软体动物、蜘蛛、小鱼等，也取食草籽和水生植物的嫩茎、根。

分布范围：印度次大陆至中国及中南半岛东北部。留鸟，钱江源国家公园水域常见。（徐良怀摄）

7.1.3 小田鸡 Zapornia pusilla

外形特征： 体纤小（体长约18cm）的灰褐色田鸡。嘴短，背部具白色纵纹，两胁及尾下具白色细横纹。

生活习性： 栖息于沼泽、苇荡、蒲丛和稻田中。杂食性，但食谱中大部分为水生昆虫及其幼虫。

分布范围： 北非和欧亚大陆，冬季南迁至印度尼西亚、菲律宾及澳大利亚。旅鸟，钱江源国家公园水域偶见。（徐良怀摄）

7.1.4 红胸田鸡 Zapornia fusca

外形特征： 体小（体长约20cm）的红褐色短嘴田鸡。后顶及上体纯褐色，头侧及胸部深棕红色，颏白色，腹部及尾下近黑色并具白色细横纹。

生活习性： 栖息于沼泽、湖滨与河岸草丛与灌丛中，以及水塘、稻田、沿海滩涂与沼泽地带。主要以水生昆虫、软体动物以及水生植物的叶、芽、种子为食。

分布范围： 繁殖于印度次大陆、东亚、菲律宾、苏拉威西岛及巽他群岛。冬季北方鸟南下越冬于加里曼丹岛。夏候鸟，钱江源国家公园水域偶见。（徐良怀摄）

7.1.5 白胸苦恶鸟 *Amaurornis phoenicurus*

俗　　名：白脸秧鸡、白面鸡、白胸秧鸡、苦恶鸟等。

外形特征：体型略大（体长约33cm）的、深青灰色及白色的苦恶鸟。头顶及上体灰色，脸、额、胸及上腹部白色，下腹及尾下棕色。

生活习性：栖息于长有芦苇或杂草的沼泽地，有灌木的高草丛、竹丛、稻田、甘蔗田中。以昆虫、小型水生动物以及植物种子为食。

分布范围：印度、中国南部、东南亚。夏候鸟，钱江源国家公园水域常见。（徐良怀摄）

7.1.6 黑水鸡 *Gallinula chloropus*

俗　　名：红骨顶、红鸟、江鸡等。

外形特征：中等体型（体长约31cm）的水鸟。成鸟两性相似，雌鸟稍小。体黑白色，额甲鲜红色。嘴短，红色，尖端黄色。

生活习性：多见于湖泊、池塘及运河。以水草、小鱼虾、水生昆虫等为食。

分布范围：除大洋洲外，几乎遍及全世界。冬季北方鸟南迁越冬。留鸟，钱江源国家公园水域常见。（徐良怀摄）

7.1.7 白骨顶 *Fulica atra*

俗　　名：骨顶鸡、冬鸡、骨顶等。

外形特征：体大（体长约40cm）的黑色水鸡。具显眼的白色嘴及额甲。整个体羽深黑灰色，仅飞行时可见翼上狭窄的近白色后缘。

生活习性：栖息于低山、丘陵和平原草地，甚至荒漠与半荒漠地带的各类水域中。主要以植物为食，也取食昆虫、蠕虫、软体动物等。

分布范围：古北界、印度次大陆。冬季北方鸟南迁至非洲、东南亚越冬。也见于澳大利亚及新西兰。冬候鸟，钱江源国家公园水域偶见。（牛蜀军摄）

7.2 鹤 科 Gruidae

7.2.1 白鹤 *Grus leucogeranus*

俗　　名：黑袖鹤、西伯利亚鹤、修女鹤等。

外形特征：体大（体长约135cm）的白色鹤。嘴橘黄色，脸部裸皮猩红色，腿粉红色。

生活习性：栖息于开阔平原沼泽草地、苔原沼泽和大的湖泊岩边及浅水沼泽地带。在繁殖地为杂食性，食物包括植物的根、地下茎、芽、种子、浆果以及昆虫、鱼、蛙、鼠类等。

分布范围：繁殖于西伯利亚；越冬于伊朗、印度西北部及中国东部。国家Ⅰ级重点保护野生动物。旅鸟，钱江源国家公园水域偶见。（徐良怀摄）

8 鸻形目 | Charadriiformes

8.1 反嘴鹬科 Recurvirostridae

8.1.1 黑翅长脚鹬 *Himantopus himantopus*

俗　　名：红腿娘子、高跷鸻。

外形特征：高挑、修长（体长约37cm）的黑白色
　　　　　涉禽。细长的嘴黑色，两翼黑色，长长
　　　　　的腿红色，体羽白色。颈背具黑色斑块。

生活习性：栖息于开阔平原草地中的湖泊、浅水塘
　　　　　和沼泽地带。主要以软体动物、虾、甲
　　　　　壳类、环节动物、昆虫及其幼虫、小鱼
　　　　　和蝌蚪等为食。

分布范围：繁殖于欧洲东南部、中亚，越冬于非洲
　　　　　和东南亚，偶尔至日本。旅鸟，钱江源
　　　　　国家公园水域偶见。（朱曙升摄）

8.1.2 反嘴鹬 *Recurvirostra avosetta*

外形特征：长腿涉水鸟，生有长长细细的喙。成鸟
　　　　　除头部和翅膀以及背部有黑色斑块外，
　　　　　其余均为白色羽毛。具黑色的翼上横纹
　　　　　及肩部条。

生活习性：栖息于平原和半荒漠地区的湖泊、水塘
　　　　　和沼泽地带。主要取食水中的昆虫、小
　　　　　鱼、贝类和两栖动物。

分布范围：欧洲、中国、印度及非洲南部。旅鸟，
　　　　　钱江源国家公园水域偶见。（徐良怀摄）

8.2 鸻 科 Charadriidae

8.2.1 凤头麦鸡 *Vanellus vanellus*

外形特征：体型略大（体长约30cm）的黑白色麦鸡。具长又窄的黑色反翻型凤头。上体具绿黑色金属光泽；尾白而具宽的黑色次端带；头顶色深，耳羽黑色，头侧及喉部污白色；胸近黑色；腹白色。

生活习性：栖息于低山丘陵、山脚平原和草原地带的湖泊、水塘、沼泽、溪流和农田地带。以蝗虫、蛙类、小型无脊椎动物、植物种子等为食。

分布范围：分布范围广。冬候鸟，钱江源国家公园水域偶见。（朱曙升摄）

8.2.2 灰头麦鸡 *Vanellus cinereus*

外形特征：体大（体长约35cm）的亮丽黑色、白色及灰色麦鸡。头及胸灰色；上背及背褐色；翼尖、胸带及尾部横斑黑色，翼后余部、腰、尾及腹部白色。

生活习性：栖息于平原草地、沼泽、湖畔、河边、水塘以及农田地带。以蚯蚓、昆虫、螺类等为食。

分布范围：繁殖于中国东北及日本；冬季南迁至印度东北部、东南亚。夏候鸟，钱江源国家公园水域常见。（徐良怀摄）

8.2.3 长嘴剑鸻 *Charadrius placidus*

外形特征：体型略大（体长约22cm）而健壮的黑色、褐色及白色鸻。嘴略长，全黑色，繁殖期体羽特征为具黑色的前顶横纹和全胸带，但贯眼纹灰褐色而非黑色。

生活习性：栖息于河流、湖泊、海岸、河口、水塘、水库岸边和沙滩上。主要以昆虫和幼虫为食，也取食蚯蚓、螺、蜘蛛等其他小型无脊椎动物和植物的嫩芽、种子。

分布范围：繁殖于东北亚、中国华东及华中；冬季迁至东南亚。旅鸟，钱江源国家公园水域常见。（徐良怀摄）

8.2.4 金眶鸻 *Charadrius dubius*

外形特征：体小（16cm）的黑、灰及白色鸻。嘴短。上体沙褐色，下体白色。有明显的白色领圈，其下有明显的黑色领圈，眼后白斑向后延伸至头顶相连。

生活习性：通常出现在沿海溪流及河流的沙洲，也见于沼泽地带及沿海滩涂；有时见于内陆。

分布范围：北非、古北界、东南亚至新几内亚。北方的鸟南迁越冬。夏候鸟，钱江源国家公园水域常见。（徐良怀摄）

8.2.5 环颈鸻 *Charadrius alexandrinus*

俗　　名：白领鸻、环颈鸻。

外形特征：体小（体长约15cm）而嘴短的褐色及白色鸻。上体淡褐色，下体纯白色。与金眶鸻的区别在于腿黑色，飞行时具白色翼上横纹，尾羽外侧更白。

生活习性：栖息于海滨沙滩、泥地、沿海沼泽、河口沙洲以及内陆河流、湖泊、水塘、盐碱湿地、沼泽和稻田等水域岸边。主要以昆虫、蠕虫、小型甲壳类和软体动物为食。

分布范围：美洲、非洲及古北界的南部；冬季至南方越冬。冬候鸟，钱江源国家公园水域偶见。（牛蜀军摄）

8.3 彩鹬科 Rostratulidae

8.3.1 彩鹬 *Rostratula benghalensis*

外形特征：体型略小（体长约 25cm）而色彩艳丽的沙锥类涉禽。尾短。
生活习性：栖息于平原、丘陵和山地中的芦苇水塘、沼泽、河渠、河滩草地和稻田中。以昆虫、小型无脊椎动物及植物为食。
分布范围：非洲、印度至中国及日本、东南亚、澳大利亚。留鸟，钱江源国家公园水域偶见。（徐良怀摄）

8.4 水雉科 Jacanidae

8.4.1 水雉 *Hydrophasianus chirurgus*

俗　　名：水凤凰、菱角鸟。
外形特征：体型略大（体长约33cm）、尾特长的深褐色及白色水雉。飞行时白色翼明显。
生活习性：栖息于富有挺水植物和漂浮植物的淡水湖泊、池塘和沼泽地带。以昆虫、虾、软体动物、甲壳类等小型无脊椎动物和水生植物为食。
分布范围：印度至中国、东南亚；冬季南迁至菲律宾及大巽他群岛。夏候鸟，钱江源国家公园水域偶见。（牛蜀军摄）

8.5 鹬 科 Scolopacidae

8.5.1 扇尾沙锥 *Gallinago gallinago*

俗　　名：扇尾鹬、田鹬、小沙锥等。

外形特征：中等体型（体长约 26cm）而色彩明快
　　　　　的沙锥。两翼细而尖，嘴长；脸皮黄色，
　　　　　眼部上下条纹及贯眼纹色深；上体深褐
　　　　　色，具白色及黑色的细纹及蠹斑；下体
　　　　　淡皮黄色，具褐色纵纹。

生活习性：主要栖息于河边、湖岸、水塘等水域生
　　　　　境中。主要以昆虫和昆虫幼虫、软体动
　　　　　物为食，偶尔也取食小鱼和杂草种子。

分布范围：繁殖于古北界；冬季南迁至非洲、印度、
　　　　　东南亚越冬。冬候鸟，钱江源国家公园
　　　　　水域常见。（徐良怀摄）

8.5.2 黑尾塍鹬 *Limosa limosa*

外形特征：体大（体长约42cm）的长腿、长嘴涉禽。
　　　　　似斑尾塍鹬，但体型较大，嘴不上翘，
　　　　　过眼线显著，上体杂斑少，尾前半部近
　　　　　黑色，腰及尾基白色。白色的翼上横斑
　　　　　明显。

生活习性：栖息于平原草地和森林平原地带的沼
　　　　　泽、湿地、湖边和附近的草地与低洼湿
　　　　　地上。主要以水生昆虫和陆生昆虫及昆
　　　　　虫幼虫、甲壳类和软体动物为食。

分布范围：繁殖于欧亚大陆北部，越冬于南非、印
　　　　　度、中南半岛，往南至澳大利亚。旅鸟，
　　　　　钱江源国家公园水域偶见。（徐良怀摄）

8.5.3 青脚鹬 *Tringa nebularia*

外形特征：中等体型（体长约 32cm）的高挑偏灰色鹬。形长的腿近绿色，灰色的嘴长而粗，且略向上翻。翼下具深色细纹（小青脚鹬为白色）。

生活习性：栖息于沿海和内陆的沼泽地带及大河流的泥滩。以虾、蟹、小鱼、螺、水生昆虫及昆虫幼虫为食。

分布范围：繁殖于古北界，从英国至西伯利亚；越冬在非洲南部、印度次大陆、东南亚至澳大利亚。冬候鸟，钱江源国家公园水域常见。（汪福海摄）

8.5.4 白腰草鹬 *Tringa ochropus*

外形特征：中等体型（体长约 23cm），矮壮型。体深绿褐色，腹部及臀白色。飞行时黑色的下翼、白色的腰部以及尾部的横斑极显著。

生活习性：主要栖息于山地或平原森林中的湖泊、河流、沼泽和水塘附近。以蠕虫、虾、蜘蛛、小蚌、田螺、昆虫及昆虫幼虫等小型无脊椎动物为食，偶尔也取食小鱼和稻谷。

分布范围：繁殖于欧亚大陆北部；冬季南迁远至非洲、印度次大陆、东南亚。冬候鸟，钱江源国家公园水域常见。（徐良怀摄）

8.5.5 林鹬 *Tringa glareola*

外形特征：体型略小（体长约20cm），纤细。体褐灰色，腹部及臀偏白色，腰白色。上体灰褐色而具极多斑点；眉纹长，白色；尾白色，且具褐色横斑。

生活习性：主要栖息于各种淡水和咸水湖泊、池塘、水库、沼泽和水田地带。主要以昆虫及昆虫幼虫、软体动物等小型无脊椎动物为食，偶尔也取食少量植物种子。

分布范围：繁殖于我国内蒙古东北部、黑龙江、吉林、辽宁及河北北部、新疆西部，越冬于海南岛和台湾。旅鸟，钱江源国家公园水域偶见。
（钱新华摄）

8.5.6 矶鹬 *Actitis hypoleucos*

外形特征：体型略小（体长约20cm）的褐色及白色鹬。嘴短，性活跃，翼不及尾。上体褐色，飞羽近黑色；下体白色，胸侧具褐灰色斑块。

生活习性：栖息于低山丘陵和山脚平原一带的江河沿岸及湖泊、水库、水塘岸边。主要以昆虫为食，也取食螺类、蠕虫等无脊椎动物和小鱼、蝌蚪等小型脊椎动物。

分布范围：繁殖于古北界及喜马拉雅山脉；冬季至非洲、印度次大陆、东南亚并远至澳大利亚越冬。冬候鸟，钱江源国家公园水域常见。（徐良怀摄）

8.5.7 黑腹滨鹬 *Calidris alpina*

外形特征：体小（体长约19cm）而嘴适中的偏灰色滨鹬。眉纹白色，嘴端略有下弯，尾中央黑色而两侧白色。夏羽特征为胸部黑色，上体棕色。

生活习性：栖息于冻原、高原和平原地区的湖泊、河流、水塘、河口等水域岸边和附近沼泽与草地上。主要以甲壳类、软体动物、蠕虫、昆虫及昆虫幼虫等小型无脊椎动物为食。

分布范围：欧亚大陆北部，在中国迁徙时见于东北、西北及东南地区。冬候鸟，钱江源国家公园水域偶见。（朱曙升摄）

8.6 鸥 科 Laridae

8.6.1 红嘴鸥 *Chroicocephalus ridibundus*

俗　　名：赤嘴鸥、普通海鸥、水鸽子等。

外形特征：中等体型（体长约40cm）。嘴和脚皆
呈红色，身体大部分羽毛白色，尾羽
黑色。

生活习性：栖息于沿海、内陆河流和湖泊。于陆地
时，停栖于水面或地上。以鱼虾、昆虫
为食。

分布范围：繁殖于古北界；冬季南迁至印度、东南
亚越冬。冬候鸟，钱江源国家公园水域
偶见。（徐良怀摄）

8.6.2 灰翅浮鸥 *Chlidonias hybrida*

外形特征：体型略小（体长约25cm）的浅色燕鸥。
腹部深色（夏季），尾色浅且开叉。

生活习性：栖息于开阔平原湖泊、水库、河口、海
岸和附近沼泽地带。主要以小鱼、虾、
水生昆虫等动物为食，有时也取食部分
水生植物。

分布范围：繁殖在非洲南部、西古北界的南部、南
亚及澳大利亚。旅鸟，钱江源国家公园
水域偶见。（朱曙升摄）

9 鲣鸟目 | Suliformes

9.1 鸬鹚科 Phalacrocoracidae

9.1.1 普通鸬鹚 *Phalacrocorax carbo*

俗　　名：海鹈鸬鹚、水老鸦、雨老鸦等。

外形特征：体大（体长约 90cm）的鸬鹚。有偏黑色光泽光，嘴厚重，脸颊及喉白色。

生活习性：栖息于河川和湖沼中，也常低飞，掠过水面。以鱼为食。

分布范围：北美洲东部沿海、欧洲、俄罗斯南部、非洲西北部及南部、中东、中亚、印度、中国、东南亚、澳大利亚、新西兰。留鸟，钱江源国家公园水域偶见。（徐良怀摄）

10 鹈形目 | Pelecaniformes

10.1 鹮　科　Threskiornithidae

10.1.1 **白琵鹭** *Platalea leucorodia*

俗　　名：琵琶嘴鹭、琵琶鹭。

外形特征：体大（体长约84cm）。长长的嘴灰色而呈琵琶形，头部裸出部位呈黄色，自眼先至眼有黑色线。与冬季黑脸琵鹭区别在于体型较大，脸部黑色少，白色羽毛延伸过嘴基，嘴色较浅。

生活习性：栖息于开阔平原和山地、丘陵地区的河流、湖泊、水库岸边及其浅水处。主要以脊椎动物和无脊椎动物为食，偶尔也食用少量植物。

分布范围：繁殖于新疆、黑龙江、吉林、辽宁、河北、山西、甘肃、西藏等；越冬于长江下游及广东、福建和台湾等东南沿海及其邻近岛屿。国家 Ⅱ 级重点保护野生动物。冬候鸟，钱江源国家公园水域偶见。（徐文莲摄）

10.2 鹭 科 Ardeidae

10.2.1 黄斑苇鳽 *Ixobrychus sinensis*

俗　　名：小黄鹭。

外形特征：体小（体长约32cm）的、皮黄色及黑色苇鳽。成鸟顶冠黑色，上体淡黄褐色，下体皮黄色，黑色的飞羽与皮黄色的覆羽成强烈对比。

生活习性：栖息于平原和低山、丘陵地带富有水边植物的开阔水域中。主要以小鱼、虾、蛙、水生昆虫等动物为食。

分布范围：印度、东亚至菲律宾、密克罗尼西亚及苏门答腊。冬季至印度尼西亚及巴布亚新几内亚。夏候鸟，钱江源国家公园水域偶见。（牛蜀军摄）

10.2.2 紫背苇鳽 *Ixobrychus eurhythmus*

俗　　名：秋鳽、黄鳝公、秋小鹭、紫小水骆驼。

外形特征：体小（体长约33cm）的深褐色苇鳽。雄鸟头顶黑色，上体紫栗色，下体具皮黄色纵纹。雌鸟及亚成鸟褐色较重，上体具黑白色及褐色杂点，下体具纵纹。

生活习性：栖息于开阔平原草地的富有岸边植物的河流、干湿草地、水塘和沼泽地上。主要以小鱼、虾、蛙、昆虫等动物为食。

分布范围：中国、日本、朝鲜、韩国、东南亚。夏候鸟，钱江源国家公园水域偶见。（徐良怀摄）

10.2.3 黑苇鳽 *Ixobrychus flavicollis*

俗　　名：黑鳽、乌鹭、黑长脚鹭鸶、黄颈黑鹭。

外形特征：中等体型（体长约54cm）。成年雄鸟
　　　　　通体青灰色（野外看似黑色），颈侧黄
　　　　　色。雌鸟褐色较浓，下体白色较多。嘴
　　　　　长而形如匕首，使其有别于色彩相似的
　　　　　其他鳽。

生活习性：栖息于溪边、湖泊、水塘、芦苇、沼泽、
　　　　　稻田、红树林和竹林中。以小鱼、泥鳅、
　　　　　虾、水生昆虫等动物为食。

分布范围：印度、中国南方、东南亚至大洋洲。夏
　　　　　候鸟，钱江源国家公园水域常见。
　　　　　（徐良怀摄）

10.2.4 夜鹭 *Nycticorax nycticorax*

俗　　名：水洼子、灰洼子、星鸦等。

外形特征：中等体型（体长约61cm）、头大而体
　　　　　壮的黑白色鹭。成鸟顶冠黑色，颈及胸
　　　　　白色，颈背具两条白色丝状羽，背黑，
　　　　　两翼及尾灰色。

生活习性：栖息和活动于平原和低山、丘陵地区的
　　　　　溪流、水塘、江河、沼泽、水田地上。
　　　　　主要以鱼、蛙、虾、水生昆虫等动物为食。

分布范围：分布很广，除两极外，几乎分布于全球
　　　　　各地平原、丘陵的淡水水域和海滨。留
　　　　　鸟，钱江源国家公园水域偶见。
　　　　　（徐良怀摄）

10.2.5 绿鹭 *Butorides striata*

俗　　名：绿鹭鸶、打鱼郎、绿蓑鹭。

外形特征：体小（体长约43cm）的深灰色鹭。成鸟顶冠及松软的长冠羽闪黑色光泽，一道黑线从嘴基部过眼下及脸颊延至枕后。

生活习性：栖息于山区沟谷、河流、湖泊、水库林缘与灌木草丛中。主要以鱼为食，也食用蛙、蟹、虾、水生昆虫和软体动物。

分布范围：广泛分布于全球温带地区，主要是亚洲、非洲、美洲、大洋洲等热带和亚热带水域与湿地。我国主要分布于东北的东南部、华东、华南和台湾及海南岛。夏候鸟，钱江源国家公园水域常见。

（徐良怀摄）

10.2.6 池鹭 *Ardeola bacchus*

俗　　名：红毛鹭、花鹅、沙鹭等。

外形特征：体型略小（体长约47cm）、翼白色、体具褐色纵纹的鹭。雌雄同色，雌鸟体型略小。

生活习性：通常栖息于稻田、池塘、湖泊、水库和沼泽湿地等水域。食物主要为昆虫及其幼虫，偶尔也食用少量植物。

分布范围：孟加拉国至中国及东南亚。越冬至马来半岛、中南半岛及大巽他群岛。夏候鸟，钱江源国家公园水域常见。（徐良怀摄）

10.2.7 牛背鹭 *Bubulcus ibis*

俗　　名：红头鹭、黄头鹭、畜鹭等。

外形特征：体长 48 ~ 53cm。雌雄同色。嘴厚，颈粗短，冬羽近全白，脚沾黄绿色。与其他鹭的区别在于体型较粗壮，颈较短而头圆，嘴较短厚。

生活习性：栖息于平原草地、牧场、湖泊、水库、山脚平原和低山水田、池塘、旱田、沼泽地上。食物主要是水牛等大中型食草动物从草地上引来的昆虫，兼食鱼、蛙等。

分布范围：北美洲东部、南美洲中部及北部、伊比利亚半岛至伊朗，印度至中国南方、日本南部、东南亚。夏候鸟，钱江源国家公园水域常见。（徐良怀摄）

10.2.8 苍鹭 *Ardea cinerea*

俗　　名：灰鹭。

外形特征：体大（体长约 92cm）的白色、灰色及黑色鹭。成鸟过眼纹及冠羽黑色，4 根细长的羽冠分为两条位于头顶和枕部两侧，状若辫子。

生活习性：栖息于江河、溪流、湖泊、水塘等水域岸边及其浅水处。主要以水生动物为主食。

分布范围：非洲、欧亚大陆，从英伦三岛往东到俄罗斯东部海岸、萨哈林岛（库页岛）和日本，往南到朝鲜、蒙古、伊拉克、伊朗、印度、中国和中南半岛部分国家。留鸟，钱江源国家公园水域偶见。（朱曙升摄）

10.2.9 草鹭 *Ardea purpurea*

俗　　名：草当、花洼子、黄庄、紫鹭。

外形特征：体大（体长约 80cm）的灰色、栗色及黑色鹭。顶冠黑色并具两道饰羽，颈棕色且颈侧具黑色纵纹。背及覆羽灰色，飞羽黑色，其余体羽红褐色。

生活习性：多栖息在沼泽、田边、水塘等芦苇或杂草丛生处。多以水生动物、昆虫为食。飞行轻缓，一跃便飞，直线飞行。

分布范围：遍布我国东部及东南部。夏候鸟，钱江源国家公园水域偶见。（徐良怀摄）

10.2.10 大白鹭 *Ardea alba*

俗　　名：白鹤鹭、白漂鸟、大白鹤等。

外形特征：体大（体长约95cm）的白色鹭。嘴较厚重，颈部具特别的扭结。嘴角有一条黑线（嘴裂）直达眼后。

生活习性：栖息于海滨、水田、湖泊、红树林及其他湿地。以甲壳类、软体动物、水生昆虫以及小鱼、蛙、蝌蚪和蜥蜴等动物为食。

分布范围：全世界。夏候鸟，钱江源国家公园水域偶见。（朱曙升摄）

10.2.11 中白鹭 *Ardea intermedia*

外形特征：体大（体长约69cm）的白色鹭。嘴相对短，颈呈"S"形。繁殖期其背及胸部有松软的长丝状羽，嘴及腿短期呈粉红色，脸部裸露皮肤灰色。

生活习性：栖息及活动于河流、湖泊、河口、海边和水塘岸边浅水处及河滩上。主要以水生、陆生昆虫及昆虫幼虫和其他小型无脊椎动物为食。

分布范围：非洲、印度、东亚至大洋洲。夏候鸟，钱江源国家公园水域常见。（徐良怀摄）

10.2.12 白鹭 *Egretta garzetta*

俗　　名：小白鹭。

外形特征：中等体型（体长约60cm），体形纤瘦。嘴黑色，腿脚黑色但趾黄色，繁殖期羽纯白色，颈背具细长饰羽，背及胸具蓑状羽。

生活习性：栖息于沼泽、稻田、湖泊或滩涂地。成散群进食，常与其他种类混群。性群栖，在觅食时，常用脚探入水中搅动，之后捕食受惊之鱼。

分布范围：非洲、欧洲、亚洲及大洋洲。我国分布在南方、台湾及海南岛。迷鸟有时至北京。部分鸟冬季到热带地区越冬。留鸟，钱江源国家公园水域常见。（俞军民摄）

11 鹰形目 | Accipitriformes

11.1 鹰 科 Accipitridae

11.1.1 黑翅鸢 *Elanus caeruleus*

外形特征: 体小（体长约30cm）的白色、灰色及黑色鸢。特征为黑色的肩部斑块及形长的初级飞羽。唯一一种振羽停于空中寻找猎物的白色鹰类。

生活习性: 通常栖息于有树木和灌木的开阔原野、农田、疏林与草原地区。主要以田间的鼠类、昆虫、小鸟、野兔和爬行动物等为食。

分布范围: 非洲、欧亚大陆南部、印度、菲律宾及印度尼西亚。国家Ⅱ级重点保护野生动物。留鸟，钱江源国家公园内偶见。（牛蜀军摄）

11.1.2 黑冠鹃隼 *Aviceda leuphotes*

外形特征: 体型略小（体长约32cm）的黑白色鹃隼。头顶具有长而垂直竖立的蓝黑色冠羽，极为显著。整体体羽黑色，胸具白色宽纹，翼具白斑，腹部具深栗色横纹。

生活习性: 栖息于平原、低山、丘陵和高山森林地带。主要以昆虫为食，也特别爱摄食蝙蝠，以及鼠类、蜥蜴和蛙等小型脊椎动物。

分布范围: 印度、中国南部、东南亚；越冬在大巽他群岛。国家Ⅱ级重点保护野生动物。夏候鸟，钱江源国家公园内偶见。（牛蜀军摄）

11.1.3 蛇雕 *Spilornis cheela*

俗　　名：大冠鹫、蛇鹰、白腹蛇雕等。

外形特征：中等体型（体长约50cm）的深色雕。上体暗褐色或灰褐色，具窄的白色羽缘。两翼甚圆且宽，尾短。

生活习性：栖息和活动于山地森林及林缘开阔地带，单独或成对活动。主要以各种蛇类为食，也捕食蜥蜴、蛙、鼠类、鸟类和甲壳动物。

分布范围：国外分布于印度、斯里兰卡、缅甸、越南、柬埔寨、老挝、泰国、马来西亚、印度尼西亚、日本、菲律宾等。国内分布于辽宁、浙江、安徽、福建、江西、广东、广西、贵州、云南、西藏、台湾、海南等。国家Ⅱ级重点保护野生动物。留鸟，钱江源国家公园内常见。（陈炳发摄）

11.1.4 林雕 *Ictinaetus malaiensis*

外形特征：体大（体长约70cm）的褐黑色雕。蜡膜及脚黄色。歇息时两翼长于尾。飞行时与其他深色雕的区别在于尾长而宽，两翼长且由狭窄的基部逐渐变宽，具显著"手指"。

生活习性：栖息于森林，常在冠层上空低低盘旋。主要以鼠类、蛇类、雉鸡、蛙、蜥蜴、小鸟和鸟卵以及大型昆虫等为食。

分布范围：印度、中国东南部、东南亚。国家Ⅱ级重点保护野生动物。留鸟，钱江源国家公园内常见。（吴志华摄）

11.1.5 白腹隼雕 *Aquila fasciata*

俗　　名：白腹山雕。

外形特征：体大（体长约59cm）的猛禽。翼尖深色，两翼及尾具细小横斑，剪影特征为两翼宽圆而略短，尾形长。

生活习性：主要栖息于低山丘陵和山地森林中的悬崖及河谷岸边的岩石上。主要以中小型鸟类为食，也捕食野兔、爬行类动物和大型昆虫。

分布范围：非洲，欧洲南部到亚洲中西部，印度，缅甸和中国南部。国家Ⅱ级重点保护野生动物。留鸟，钱江源国家公园内偶见。（徐良怀摄）

11.1.6 凤头鹰 *Accipiter trivirgatus*

外形特征： 中等体型（体长 36 ~ 49cm）的猛禽。头前额至后颈鼠灰色，具显著的与头同色冠羽，其余上体褐色，尾具 4 道宽阔的暗色横斑。

生活习性： 通常栖息在 2000m 以下的山地森林和山脚林缘地带。主要以蛙、蜥蜴、鼠类、昆虫等动物为食，也捕食鸟和小型哺乳动物。

分布范围： 国外分布于印度及缅甸、泰国、马来西亚和印度尼西亚等东南亚国家。国内分布于四川峨嵋山、云南西北部、贵州、广西、海南和台湾。国家 II 级重点保护野生动物。留鸟，钱江源国家公园内偶见。（牛蜀军摄）

11.1.7 赤腹鹰 *Accipiter soloensis*

俗　　名： 鸽子鹰。

外形特征： 中等体型（体长 26.7 ~ 28.3cm）的鹰类。下体色甚浅。成鸟上体淡蓝灰色，背部羽尖略具白色，外侧尾羽具不明显黑色横斑；下体白色，胸及两胁略沾粉色。

生活习性： 栖息于山地森林和林缘地带。主要以蛙、蜥蜴等动物为食，也摄食小型鸟类、鼠类和昆虫。

分布范围： 繁殖于日本、朝鲜、韩国及中国；冬季南迁至东南亚。国家 II 级重点保护野生动物。留鸟，钱江源国家公园内常见。（童雪峰摄）

11.1.8 松雀鹰 *Accipiter virgatus*

俗　　名： 雀鹞、雀鹰、松子鹰等。

外形特征： 中等体型（体长约 33cm）的深色鹰。成年雄鸟上体深灰色，尾具粗横斑，下体白色，两胁棕色且具褐色横斑，喉白色且具黑色喉中线，有黑色髭纹。

生活习性： 通常栖息于海拔 2800m 以下的山地针叶林、阔叶林和针阔叶混交林中，冬季则会到海拔较低的山区。主要捕食鼠类、小鸟、昆虫等动物。

分布范围： 印度、中国南方、东南亚。国家 II 级重点保护野生动物。留鸟，钱江源国家公园内偶见。（王昌大摄）

11.1.9 雀鹰 *Accipiter nisus*

俗　　名：朵子、细胸、鹞子。

外形特征：体长 30 ~ 41cm。雌鸟较雄鸟略大，
翅阔而圆，尾较长。雄鸟上体暗灰色，
雌鸟灰褐色，头后杂有少许白色。下体
白色或淡灰白色，雄鸟具细密的红褐色
横斑，雌鸟具褐色横斑。

生活习性：栖息于针叶林、针阔叶混交林、阔叶林
等山地森林和林缘地带。主要以鸟、昆
虫和鼠类等为食，也捕食鸠鸽类和鹑鸡
类等体型稍大的鸟类及野兔、蛇等。

分布范围：繁殖于古北界；候鸟迁至非洲、印度、
东南亚。国家 II 级重点保护野生动物。
冬候鸟，钱江源国家公园内偶见。（牛
蜀军摄）

11.1.10 黑鸢 *Milvus migrans*

外形特征：体型略大（体长约 65cm）的深褐色猛
禽。尾略显分叉，飞行时初级飞羽基部
具明显的浅色次端斑纹。

生活习性：栖息于我国西部城镇及村庄、东部河流
及沿海。主要以小鸟、鼠类、蛇、蛙、
鱼、野兔、蜥蜴和昆虫等动物为食，偶
尔也摄食家禽和腐尸。

分布范围：亚洲北部至日本。国家 II 级重点保护野
生动物。留鸟，钱江源国家公园内常见。
（牛蜀军摄）

11.1.11 毛脚鵟 *Buteo lagopus*

外形特征：中等体型（体长约54cm）的褐色鵟。深色两翼与浅色尾形成较强对比。成年雄鸟头部色深，胸部色浅。

生活习性：栖息于稀疏的针阔叶混交林以及原野、耕地等开阔地带。主要以田鼠等小型啮齿类动物和小型鸟类为食，也捕食野兔、雉鸡、石鸡等较大的动物。

分布范围：全北界。国家II级重点保护野生动物。冬候鸟，钱江源国家公园内偶见。（李沙泓摄）

11.1.12 普通鵟 *Buteo japonicus*

俗　　名：鸡母鹞、土豹。

外形特征：体型略大（体长约55cm）的红褐色鵟。体色变化比较大，通常上体主要为深红褐色；脸侧皮黄色且具近红色细纹，栗色髭纹显著；下体偏白，上具棕色纵纹，两胁及大腿沾棕色。

生活习性：常见于开阔平原、荒漠、旷野、开垦的耕作区、林缘草地和村庄上空盘旋翱翔。主要以各种鼠类为食，此外，也捕食蛙、蜥蜴、蛇、野兔、小鸟和大型昆虫等。

分布范围：繁殖于古北界；冬季北方鸟至北非、印度及东南亚越冬。国家II级重点保护野生动物。冬候鸟，钱江源国家公园内偶见。（朱英摄）

12 鸮形目 | Strigiformes

12.1 鸱鸮科 Strigidae

12.1.1 领角鸮 *Otus lettia*

外形特征：体型略大（体长约24cm）的偏灰色或偏褐色角鸮。具明显耳羽簇及特征性的浅沙色颈圈。上体偏灰色或沙褐色，并多具黑色及皮黄色的杂纹或斑块；下体皮黄色，条纹黑色。

生活习性：栖息于山地阔叶林和针阔叶混交林中，也见于山麓林缘和村寨附近的树林中。主要以鼠类、甲虫、蝗虫和鞘翅目昆虫等为食。饲养喂食生肉时须带骨，否则易因缺乏钙质而造成无法站立。

分布范围：印度次大陆、中国、日本、东南亚。国家II级重点保护野生动物。留鸟，钱江源国家公园内偶见。（汪福海摄）

12.1.2 红角鸮 *Otus sunia*

俗　　名：大头鹰、呼侉鹰、夜食鹰等。

外形特征：体小（体长约20cm）的"有耳"型角鸮。眼黄色，
　　　　　体羽多纵纹。有棕色型和灰色型之分。

生活习性：主要栖息于山地阔叶林和针阔叶混交林中，也出现于
　　　　　山麓林缘和村寨附近的树林中。主要以鼠类、甲虫、
　　　　　蝗虫、鞘翅目昆虫为食。

分布范围：古北界西部至中东及中亚。国家Ⅱ级重点保护野生动
　　　　　物。留鸟，钱江源国家公园内偶见。（朱英摄）

12.1.3 雕鸮 *Bubo bubo*

俗　　名：大猫头鹰、大猫王、恨狐等。

外形特征：体型硕大（体长约69cm）的鸮类。耳羽簇长，橘黄色的眼特显形大。面盘显著，为淡棕黄色，杂以褐色的细斑。耳羽特别发达，显著
　　　　　突出于头顶两侧。

生活习性：栖息于山地森林、平原、荒野、林缘灌木丛、疏林，以及裸露的高山和峭壁等生境中。主要以各种鼠类为食，也捕食兔类、蛙、刺猬、
　　　　　昆虫、雉鸡和其他鸟类。

分布范围：古北界、中东、印度次大陆。国家Ⅱ级重点保护野生动物。留鸟，钱江源国家公园内偶见。（李沙泓摄）

12.1.4 褐林鸮 *Strix leptogrammica*

俗　　名：猫头鹰、山崖。

外形特征：中等体型（体长 46～51cm）。上体棕褐色，上背中间杂
　　　　　以淡色细横斑。头顶纯褐色；无耳羽簇，面盘棕褐色；眼周
　　　　　黑褐色，眉纹近白色。嘴角绿色，基部暗蓝色。爪紫灰褐色。

生活习性：栖息于茂密的山地森林，尤其是常绿阔叶林和常绿落叶混交
　　　　　林中。主要以鼠类、小鸟等为食，也捕食蜥蜴、蛙及雉鸡、
　　　　　竹鸡等较大的鸟类。

分布范围：印度次大陆至中国南部、东南亚。国家 II 级重点保护野生动
　　　　　物。留鸟，钱江源国家公园内偶见。（徐良怀摄）

12.1.5 领鸺鹠 *Glaucidium brodiei*

俗　　名：小鸺鹠。

外形特征：体纤小（体长约 16cm）而多横斑。眼黄色，颈圈浅色，无
　　　　　耳羽簇。上体浅褐色且具橙黄色横斑；头顶灰色，具白色或
　　　　　皮黄色的小型"眼状斑"。

生活习性：栖息于山地森林和林缘灌木丛地带。主要以昆虫和鼠类为食，
　　　　　也捕食小鸟和其他小型动物。

分布范围：中国南部、东南亚。国家 II 级重点保护野生动物。留鸟，钱
　　　　　江源国家公园内偶见。（牛蜀军摄）

12.1.6 斑头鸺鹠 *Glaucidium cuculoides*

俗　　名：流离、猫王鸟、训狐等。

外形特征：体小（体长约 24cm）而遍具棕褐色横斑的鸺鸟。无耳羽簇；
　　　　　上体棕栗色而具赭色横斑；下体几全褐色，具赭色横斑；臀
　　　　　片白色，两胁栗色；白色的颏纹明显，下线为褐色和皮黄色。

生活习性：栖息于从平原、低山丘陵到海拔 2000m 左右的中山地带的
　　　　　阔叶林、针阔叶混交林、次生林和林缘灌丛。主要以昆虫和
　　　　　幼虫为食，也捕食鼠类、小鸟、蚯蚓、蛙和蜥蜴等动物。

分布范围：印度东北部至中国南部、东南亚。国家 II 级重点保护野生动
　　　　　物。留鸟，钱江源国家公园内常见。（陈炳发摄）

12.1.7 鹰鸮 *Ninox scutulata*

外形特征：中型猛禽，外表似鹰，上体深褐色，下体具粗的红褐色纵纹。

生活习性：栖息于山地阔叶林中，也见于灌丛地带。

分布范围：印度次大陆、东北亚、中国、东南亚、苏拉威西岛、婆罗洲、苏门答腊及爪哇西部。国家Ⅱ级重点保护野生动物。留鸟，钱江源国家公园内偶见。（徐良怀摄）

12.1.8 短耳鸮 *Asio flammeus*

俗　　名：短耳猫头鹰、夜猫子等。

外形特征：中等体型（体长约38cm）的黄褐色鸮鸟。翼长，面庞显著。上体黄褐色，满布黑色和皮黄色纵纹；下体皮黄色，具深褐色纵纹。

生活习性：栖息于低山、丘陵、苔原、荒漠、平原、沼泽、湖岸和草地等各类生境中。主要以鼠类为食，也捕食小鸟、蜥蜴、昆虫等，偶尔也取食植物果实和种子。

分布范围：全北界及南美洲；在东南亚为冬候鸟。国家Ⅱ级重点保护野生动物。冬候鸟，钱江源国家公园内偶见。（牛蜀军摄）

12.2 草鸮科 Tytonidae

12.2.1 草鸮 *Tyto longimembris*

俗　　名：猫头鹰。

外形特征：中型猛禽，体长 35cm 左右。上体暗褐色，具棕黄色斑纹，近羽端处有白色小斑点。嘴黄褐色。爪黑褐色。

生活习性：栖息于山麓草灌丛中。以鼠类、蛙、蛇、鸟卵等为食。

分布范围：非洲、日本、澳大利亚、印度次大陆至中国西南及华南、东南亚。国家 II 级重点保护野生动物。留鸟，钱江源国家公园内偶见。（冯威摄）

13 犀鸟目 | Bucerotiformes

13.1 戴胜科 Upupidae

13.1.1 戴胜 *Upupa epops*

俗　　名：臭姑鸪、发伞鸟、鸡冠鸟等。

外形特征：中等体型（体长约30cm）、色彩鲜明
　　　　　的鸟类。雌雄外形相似，具长而尖黑的
　　　　　耸立型粉棕色丝状冠羽。

生活习性：栖息在开阔的田园、园林、郊野的树干
　　　　　上。戴胜是有名的食虫鸟，大量捕食
　　　　　金针虫、蝼蛄、行军虫、步行虫和天
　　　　　牛幼虫等害虫，大约占到它总食量的
　　　　　88%。

分布范围：非洲、欧亚大陆、中南半岛。旅鸟，钱
　　　　　江源国家公园内偶见。（上图：徐良怀
　　　　　摄；下图：俞军民摄）

14 佛法僧目 | Coraciiformes

14.1 佛法僧科 Coraciidae

14.1.1 三宝鸟 *Eurystomus orientalis*

俗　　名：东方宽嘴转鸟、佛法僧、阔嘴鸟等。

外形特征：中等体型（体长约30cm）的深色佛法僧。具宽阔的红嘴（亚成鸟为黑色）。整体色彩为暗蓝灰色，但喉为亮丽蓝色。

生活习性：该鸟常单独或成对栖息于山地或平原林中。喜欢捕食绿色金龟子等甲虫，也捕食蝗虫、天牛、叩头虫等。

分布范围：广泛分布于东亚、东南亚至澳大利亚。夏候鸟，钱江源国家公园内偶见。（徐良怀摄）

14.2 翠鸟科 Alcedinidae

14.2.1 白胸翡翠 *Halcyon smyrnensis*

俗　　名：白胸鱼狗、翠碧鸟、红嘴吃鱼鸟等。

外形特征：体型略大（体长约 27cm）的蓝色及褐色翡翠鸟。颏、喉及胸部白色，头、颈及下体余部褐色，上背、翼及尾蓝色鲜亮如闪光（晨光中看似青绿色），翼上覆羽上部及翼端黑色。

生活习性：通常是沿河流和稻田中的沟渠、稀疏丛林、城市花园、鱼塘和海滩狩猎。主要食物是无脊椎动物，也捕食小型脊椎动物。

分布范围：中东、印度、中国、东南亚。留鸟，钱江源国家公园内偶见。（徐良怀摄）

14.2.2 蓝翡翠 *Halcyon pileata*

俗　　名：黑顶翠鸟、蓝翠毛、喜鹊翠等。

外形特征：体大（体长约 30cm）的蓝色、白色及黑色翡翠鸟。以头黑色为特征。翼上覆羽黑色，上体其余为亮丽华贵的蓝色或紫色。两胁及臀沾棕色。飞行时白色翼斑显见。

生活习性：栖息于河上的树木枝头。较白胸翡翠更为河上鸟。以鱼为食，也捕食虾、螃蟹、蝗螳和各种昆虫。

分布范围：繁殖于中国及朝鲜，冬季南迁远至印度尼西亚。夏候鸟，钱江源国家公园内偶见。（牛蜀军摄）

14.2.3 普通翠鸟 *Alcedo atthis*

俗　　名：翠碧鸟、翠雀儿、鱼翠等。
外形特征：体小（体长约15cm）、具亮蓝色及棕
　　　　　色的翠鸟。上体金属浅蓝绿色，颈侧具
　　　　　白色点斑；下体橙棕色，颏白色。
生活习性：常出没于开阔郊野的淡水湖泊、溪流、
　　　　　运河、鱼塘及红树林中。栖于岩石或探
　　　　　出的枝头上。
分布范围：广泛分布于欧亚大陆、东南亚。留鸟，
　　　　　钱江源国家公园内常见。（汪福海摄）

14.2.4 冠鱼狗 *Megaceryle lugubris*

外形特征：体型非常大（体长约41cm）的鱼狗。冠羽发达，上体青黑色，
　　　　　并多具白色横斑和点斑，蓬起的冠羽亦如是。雄鸟翼线白色，
　　　　　雌鸟黄棕色。
生活习性：栖息于山麓、小山丘或平原森林河溪间。食物以小鱼为主，
　　　　　兼取食甲壳类和多种水生昆虫及其幼虫，也啄食小型蛙类和
　　　　　少量水生植物。
分布范围：印度北部山麓地带、中南半岛北部、中国南部及东部。留鸟，
　　　　　钱江源国家公园内常见。（李明璞摄）

14.2.5 斑鱼狗 *Ceryle rudis*

外形特征：中等体型（体长约27cm）的黑白色鱼狗。上体黑色而多具
　　　　　白点。初级飞羽及尾羽基白色而稍黑色。下体白色，上胸具
　　　　　黑色的宽阔条带，其下具狭窄的黑斑。
生活习性：主要栖息于低山和平原溪流、河流、湖泊、运河等开阔水域
　　　　　岸边。食物以小鱼为主，兼食甲壳类和多种水生昆虫及其幼
　　　　　虫，也啄食小型蛙类和少量水生植物。
分布范围：印度东北部、斯里兰卡、缅甸、中国、泰国、老挝、越南及
　　　　　菲律宾等。留鸟，钱江源国家公园内偶见。（牛蜀军摄）

15 啄木鸟目 | Piciformes

15.1 拟啄木鸟科 Capitonidae

15.1.1 大拟啄木鸟 *Psilopogon virens*

外形特征：中等体型（体长 30 ~ 34cm）的鸟类。嘴大而粗厚，象牙色或淡黄色。肩暗绿褐色，其余上体草绿色，野外特征极明显，容易识别。

生活习性：常栖于高树顶部，能站在树枝上像鹦鹉一样左右移动。食物主要为马桑、五加科植物以及其他植物的花、果实和种子，此外也捕食各种昆虫。

分布范围：中国南部及中南半岛北部。留鸟，钱江源国家公园内偶见。（牛蜀军摄）

15.2 啄木鸟科 *Picidae*

15.2.1 蚁䴕 *Jynx torquilla*

外形特征：体小（体长约 17cm）的灰褐色啄木鸟。特征为体羽斑驳杂乱，下体具小横斑。嘴相对形短，呈圆锥形。

生活习性：习性不同于其他啄木鸟，蚁䴕栖于树枝而不攀树，也不凿啄树干取食。取食地面蚂蚁。

分布范围：非洲、欧亚大陆、印度、东南亚。冬候鸟，钱江源国家公园内偶见。（徐良怀摄）

15.2.2 斑姬啄木鸟 *Picumnus innominatus*

外形特征：体型纤小（体长约 10cm）、橄榄色背的似山雀型啄木鸟。特征为下体多具黑点，脸及尾部具黑白色纹。雄鸟前额橘黄色。

生活习性：栖息于海拔 2000m 以下的低山丘陵和山脚平原常绿或落叶阔叶林中。主要以蚂蚁、甲虫和其他昆虫为食。

分布范围：中国南部、东南亚。留鸟，钱江源国家公园内偶见。（徐良怀摄）

15.2.3 星头啄木鸟 *Dendrocopos canicapillus*

俗　　名：北啄木鸟、红星啄木、小䴕等。

外形特征：体小（体长约 15cm）具黑白色条纹的啄木鸟。下体无红色，头顶灰色；雄鸟眼后上方具红色条纹，近黑色条纹的腹部棕黄色。

生活习性：多在树中上部活动和取食，偶尔也到地面倒木和树桩上取食。主要以昆虫为食，偶尔也取食植物果实和种子。

分布范围：巴基斯坦、中国及东南亚。留鸟，钱江源国家公园内偶见。（范忠勇摄）

15.2.5 灰头绿啄木鸟 *Picus canus*

俗　　名：海南绿啄木鸟、黑枕绿啄木鸟、绿啄木鸟等。

外形特征：中等体型（体长约27cm）的绿色啄木鸟。识别特征为下体全灰色，颊及喉亦灰色。脚具四趾，外前趾较外后趾长。

生活习性：主要栖息于低山阔叶林和针阔叶混交林中。主要以昆虫为食。

分布范围：欧亚大陆、印度及东南亚。留鸟，钱江源国家公园内偶见。（赵东江摄）

15.2.4 大斑啄木鸟 *Dendrocopos major*

俗　　名：白花啄木鸟、赤䴕、海南花啄木鸟等。

外形特征：体型中等（体长约24cm）的常见型黑白相间的啄木鸟。两性臀部均为红色，但带黑色纵纹的近白色胸部上无红色或橙红色，以此有别于相近的赤胸啄木鸟及棕腹啄木鸟。

生活习性：常见于山地和平原的园圃、树丛及森林间。喜食很多林业害虫，也取食各种植物的种子。

分布范围：欧亚大陆的温带林区、印度东北部、中南半岛北部。留鸟，钱江源国家公园内偶见。（朱英摄）

15.2.6 黄嘴粟啄木鸟 *Blythipicus pyrrhotis*

俗　　名：黄嘴红啄。

外形特征：体型略大（体长约30cm）的啄木鸟。识别特征为体羽赤褐色且具黑斑，形长的嘴浅黄色。与竹啄木鸟区别在于体羽黑色横斑。雄鸟颈侧及枕具绯红色块斑。

生活习性：主要栖息于海拔500～2200m的山地常绿阔叶林中。主要以昆虫为食，也捕食蠕虫和其他小型无脊椎动物。

分布范围：尼泊尔至中国华南地区、海南岛，以及东南亚。留鸟，钱江源国家公园内偶见。（王昌大摄）

16 隼形目｜Falconiformes

16.1 隼　科 Falconidae

16.1.1 红隼 *Falco tinnunculus*

俗　　名：茶隼、红鹰、黄鹰等。
外形特征：体小（体长约33cm）的赤褐色隼。雄鸟头顶及颈背灰色，尾蓝灰色、无横斑；上体赤褐色，略具黑色横斑；下体皮黄色，且具黑色纵纹。雌鸟体型略大，上体全褐色，比雄鸟少赤褐色而多粗横斑。
生活习性：栖息于山地森林、低山丘陵、草原、旷野、农田耕地等各类生境中。主要以昆虫为食，也捕食鼠类、雀形目鸟类、蛙、蜥蜴、松鼠、蛇等小型脊椎动物。
分布范围：古北界、非洲、印度；越冬于东南亚。国家Ⅱ级重点保护野生动物。留鸟，钱江源国家公园内常见。（汪福海摄）

16.1.2 红脚隼 *Falco amurensis*

外形特征：体长约31cm的灰色隼。腿、腹部及臀棕色。似红脚隼，但飞行时白色的翼下覆羽为其特征。

生活习性：常在黄昏后捕捉昆虫，有时似燕鸻结群捕食。阿穆尔隼的巢一般在大树上，往往是喜鹊、乌鸦一类鸟的弃巢。喜立于电线上。

分布范围：繁殖于西伯利亚至朝鲜北部及中国中北部、东北，印度东北部也有记录。迁徙时见于印度及缅甸；越冬于非洲。候鸟罕见于我国华东及华南。国家Ⅱ级重点保护野生动物。旅鸟，钱江源国家公园内偶见。（徐良怀摄）

16.1.3 游隼 *Falco peregrinus*

俗　　名：黑背花梨鹞、花梨鹰、青燕等。

外形特征：体大（体长约45cm）而强壮的深色隼。翅长而尖；眼周黄色，颊有一粗著的垂直向下的黑色髭纹，头至后颈灰黑色；其余上体蓝灰色，尾具数条黑色横带。

生活习性：栖息于山地、丘陵、荒漠、半荒漠、海岸、旷野、草原、河流、沼泽与湖泊沿岸地带。主要捕食野鸭、鸥、鸠鸽类和鸡类等中小型鸟类，偶尔也捕食鼠类和野兔等小型哺乳动物。

分布范围：世界各地。国家Ⅱ级重点保护野生动物。冬候鸟，钱江源国家公园内偶见。（赵丽娟摄）

17 雀形目 | Passeriformes

17.1 八色鸫科 Pittidae

17.1.1 仙八色鸫 *Pitta nympha*

外形特征：中等体型（体长约20cm）而色彩艳丽的八色鸫。头深栗褐色，中央冠纹黑色，眉纹皮黄白色、窄而长，自额基一直延伸到后颈两侧。

生活习性：喜单独在林、灌丛中活动，跳跃式行走。主要取食昆虫、蚯蚓等，是一种非常机敏、胆小的地栖息鸟类。

分布范围：繁殖于日本、朝鲜、中国东部和东南部；越冬在加里曼丹岛。全球性易危种。国家Ⅱ级重点保护野生动物。夏候鸟，钱江源国家公园内偶见。

（吴志华摄）

17.2.1 淡绿鵙鹛 *Pteruthius xanthochlorus*

外形特征：体小（体长约 12cm）的橄榄绿色鵙鹛。看似柳莺但体型粗壮且动作不灵活，黑色的嘴粗厚。特征为眼圈白色，喉及胸偏灰色，腹部、臀及翼线黄色。初级覆羽灰色，具浅色翼斑。

生活习性：主要栖息于较密的森林处，活动在较高的树枝间。常与山雀、鹛及柳莺混群。看似笨拙的柳莺。

分布范围：巴基斯坦东北部至中国东南部、缅甸西部及北部。留鸟，钱江源国家公园内偶见。（陈炳发摄）

17.3 山椒鸟科 Campephagidae

17.3.1 小灰山椒鸟 *Pericrocotus cantonensis*

外形特征：体小（体长约18cm）的黑色、灰色及白色山椒鸟。前额明显白色。雌鸟似雄鸟，但褐色较浓，有时无白色翼斑。

生活习性：栖息于高至海拔1500m的落叶林及常绿林中。主要以昆虫和昆虫幼虫为食。

分布范围：繁殖于中国华中、华南及华东；至东南亚越冬。夏候鸟，钱江源国家公园内偶见。（徐良怀摄）

17.3.2 灰山椒鸟 *Pericrocotus divaricatus*

俗　　名：宾灰燕儿、呆鸟、十字鸟。

外形特征：体型略小（体长约20cm）的山椒鸟。特征为体羽黑色、灰色及白色。雄鸟顶冠、过眼纹及飞羽黑色，上体余部灰色，下体白色。雌鸟色浅而多灰色。

生活习性：主要栖息于茂密的原始落叶阔叶林和红松阔叶混交林中。以昆虫和昆虫幼虫为食。

分布范围：朝鲜、韩国、日本及中国东部。冬季往南至东南亚。夏候鸟，钱江源国家公园内偶见。（吴志华摄）

17.3.3 灰喉山椒鸟 *Pericrocotus solaris*

外形特征：体小（体长约17cm）的红色或黄色山椒鸟。红色雄鸟与其他山椒鸟的区别在于喉及耳羽暗深灰色。黄色雌鸟与其他山椒鸟的区别在于额、耳羽及喉少黄色。

生活习性：栖息于海拔2000m以下的低山丘陵和山脚平原地区的次生阔叶林、热带雨林、季雨林等森林中。以昆虫为食，仅偶尔取食少量植物果实与种子。

分布范围：中国南方、东南亚。留鸟，钱江源国家公园内偶见。（徐良怀摄）

17.4 卷尾科 Dicruridae

17.4.1 黑卷尾 *Dicrurus macrocercus*

俗　　名：黑黎鸡、黑龙眼燕、剪刀雁等。

外形特征：中等体型（体长约30cm）的蓝黑色而具辉光的卷尾鸟。嘴小，嘴角具白点。尾长而叉深，在风中常上举形成一奇特角度。

生活习性：平时栖息在山麓或沿溪的树顶上，或竖立田野间的电线杆上。主要以各种昆虫及昆虫幼虫为食。

分布范围：伊朗至印度一带、中国、东南亚。夏候鸟，钱江源国家公园内偶见。（徐良怀摄）

17.4.2 灰卷尾 *Dicrurus leucophaeus*

俗　　名：白颊卷尾、白颊秋鸟、灰龙眼燕等。

外形特征：中等体型（体长约28cm）的灰色卷尾鸟。脸偏白色，尾长而深开叉。体暗灰色，鼻羽和前额黑色，眼先及头之两侧为纯白色，故又有"白颊卷尾"之称。

生活习性：主要栖息于平原丘陵地带、村庄附近、河谷。主要以昆虫为食，如蝽象、白蚁和松毛虫，也取食植物种子。

分布范围：阿富汗至中国、东南亚。夏候鸟，钱江源国家公园内偶见。（徐良怀摄）

17.4.3 发冠卷尾 *Dicrurus hottentottus*

俗　　名：发形凤头卷尾、卷尾燕、山黎鸡。

外形特征：体型略大（体长约32cm）的黑天鹅绒色卷尾鸟。头具细长羽冠，体羽斑点闪烁。尾长而分叉，外侧羽端钝而上翘，形似竖琴。

生活习性：栖息于海拔1500m以下的低山丘陵和山脚沟谷地带。主要以昆虫为食，偶尔也取食少量植物。

分布范围：印度、中国、东南亚。夏候鸟，钱江源国家公园内偶见。（牛蜀军摄）

17.5 王鹟科 Monarchidae

雄

雌

雄

雄

17.5.1 寿带 *Terpsiphone incei*

俗　　名：白带子、三光鸟、紫长长尾等。

外形特征：成年雄鸟的头、颈和羽冠均具深蓝色辉光，身体其余部分为白色且具黑色羽干纹。雄鸟具两种色型，均不同于紫寿带。成年雌鸟羽冠较成年雄鸟短，尾羽也短。

生活习性：常见于山区或丘陵地带。其食物绝大部分是昆虫，植物不足全部食量的1%。

分布范围：土耳其、印度、中国、东南亚。夏候鸟，钱江源国家公园内偶见。(徐良怀摄)

17.6 伯劳科 Laniidae

17.6.1 牛头伯劳 *Lanius bucephalus*

俗　　名：红头伯劳。

外形特征：中等体型（体长约19cm）的褐色伯劳。头顶褐色，尾端白色。

生活习性：栖息于山地稀疏阔叶林或针阔叶混交林的林缘地带，迁徙时于平原可见。食物以蝇、蝗等鞘翅目、鳞翅目和膜翅目的昆虫为主。

分布范围：朝鲜、韩国、日本、中国东部。冬候鸟，钱江源国家公园内偶见。（徐良怀摄）

17.6.2 红尾伯劳 *Lanius cristatus*

俗　　名：花虎伯劳、土虎伯劳、小伯劳等。

外形特征：中等体型（体长约20cm）的淡褐色伯劳。喉白色。成鸟前额灰色，眉纹白色，宽宽的眼罩黑色，头顶及上体褐色，下体皮黄色。

生活习性：主要栖息于低山丘陵和山脚平原地带的灌丛、疏林和林缘地带。主要以昆虫等动物为食，偶尔取食少量草籽。

分布范围：繁殖于东亚；冬季南迁至印度、东南亚。旅鸟，钱江源国家公园内偶见。（朱曙升摄）

17.6.3 棕背伯劳 *Lanius schach*

俗　　名：大红背伯劳。

外形特征：体型略大（体长约25cm）而尾长的棕色、黑色及白色伯劳。黑翅，尾长且黑。

生活习性：常见在林旁、农田、果园、河谷、路旁和林缘地带的乔木树上与灌丛中活动。主要以昆虫等动物为食。

分布范围：伊朗至中国、印度、东南亚。留鸟，钱江源国家公园内常见。（徐良怀摄）

17.7 鸦 科 Corvidae

17.7.1 松鸦 *Garrulus glandarius*

俗　　名：塞皋、山和尚、屋鸟等。

外形特征：体小（体长约 35cm）的偏粉色鸦。特征为翼上具黑色及蓝色镶嵌图案，腰白色。髭纹黑色，两翼黑色并具白色块斑。

生活习性：栖息在针叶林、针阔叶混交林、阔叶林等森林中。繁殖期主要以昆虫和昆虫幼虫为食，也取食蜘蛛、鸟卵、雏鸟等。秋冬季和早春则主要以植物果实、种子为食，兼食部分昆虫。

分布范围：欧洲、西北非、喜马拉雅山脉、中东、日本、东南亚。留鸟，钱江源国家公园内常见。（徐良怀摄）

17.7.2 红嘴蓝鹊 *Urocissa erythroryncha*

俗　　名：长尾山鹊、赤尾山鸦、山鹊等。

外形特征：体长约68cm，是鹊类中鸟体最大和尾
　　　　　巴最长、羽色最美的一种。头、颈、胸
　　　　　部暗黑色，头顶羽尖缀白色，犹似戴上
　　　　　一顶灰色帽盔；嘴壳朱红色，足趾红
　　　　　橙色。

生活习性：主要栖息于山区常绿阔叶林、针叶林、
　　　　　针阔叶混交林和次生林等各种不同类型
　　　　　的森林中。主要以植物果实、种子及昆
　　　　　虫为食。

分布范围：印度东北部、中国及中南半岛。留鸟，
　　　　　钱江源国家公园内常见。（汪福海摄）

17.7.3 灰树鹊 *Dendrocitta formosae*

外形特征：体型略大（体长约38cm）的褐灰色树鹊。颈背灰色，具甚长的楔形尾。下体灰色，臀棕色；上背褐色；尾黑色，或黑色而中央尾羽灰色。

生活习性：常见于我国东南部中高海拔400～1200m的开阔林间。主要以植物为食，也摄食昆虫等动物。

分布范围：印度东部及东北部、中南半岛北部，以及中国华中、华南及东南部。留鸟，钱江源国家公园内常见。（徐良怀摄）

17.7.4 喜鹊 *Pica pica*

俗　　名：飞驳鸟、干鹊、客鹊等。

外形特征：体型很大（体长45～50cm）。典型的黑白色鸟类，其头部、颈部、胸部、背部、腰部均为黑色，略显蓝紫色金属光泽；肩羽、上下腹均为洁白色。

生活习性：在山区、平原都有栖息，无论是荒野、农田、郊区还是城市都能看到其身影。喜食昆虫、垃圾、植物等。

分布范围：欧亚大陆、北非、加拿大西部及美国加利福尼亚州西部。留鸟，钱江源国家公园内偶见。（徐良怀摄）

17.7.5 秃鼻乌鸦 *Corvus frugilegus*

俗　　名：风鸦、山老公、山鸟等。

外形特征：体型略大（体长约47cm）的黑色鸦。嘴基部裸露皮肤浅灰白色。

生活习性：常栖息于平原、丘陵、低山地形的耕作区，有时会接近人群密集的居住区。食性很杂，垃圾、腐尸、昆虫、植物种子甚至青蛙、蟾蜍都出现在它们的食谱中。

分布范围：欧洲至中东及东亚。留鸟，钱江源国家公园内偶见。（牛蜀军摄）

17.7.6 白颈鸦 *Corvus pectoralis*

外形特征：体大（体长约54cm）的亮黑白色鸦。嘴粗厚，颈背及胸带强反差的白色，使其有别于同地区的其他鸦类。

生活习性：常见于平原、丘陵和低山。以种子、昆虫、垃圾、腐肉等为食。

分布范围：分布于欧亚大陆及非洲北部，中南半岛，太平洋诸岛屿。在我国华东、华中及东南各地为留鸟，数量较少。留鸟，钱江源国家公园内偶见。（牛蜀军摄）

17.7.7 大嘴乌鸦 *Corvus macrorhynchos*

俗　　名：老鸦、三荷、乌鸦。

外形特征：成年的大嘴乌鸦体长可达50cm。通身漆黑色，无论是喙、虹膜还是双足均为饱满的黑色。喙粗且厚，上喙前缘与前额几成直角。

生活习性：喜欢在林间路旁、河谷、海岸、农田、沼泽和草地上活动。主要以昆虫和植物叶、芽、果实、种子等为食。

分布范围：伊朗至中国、东南亚。留鸟，钱江源国家公园内偶见。（牛蜀军摄）

17.8 玉鹟科 Stenostiridae

17.8.1 **方尾鹟** *Culicicapa ceylonensis*

外形特征：体小（体长约13cm）而独具特色的鹟。头偏灰色，略具冠羽。上体橄榄色，下体黄色。
生活习性：喧闹、活跃，在树枝间跳跃，不停捕食及追逐过往昆虫。常将尾扇开。多栖于森林的底层或中层。常与其他鸟混群。
分布范围：印度至中国南方、东南亚。迷鸟，钱江源国家公园内偶见。（牛蜀军摄）

17.9 山雀科 Paridae

17.9.1 黄腹山雀 *Pardaliparus venustulus*

俗　　名：采花鸟、黄豆崽、黄点儿。

外形特征：雌雄异色。雄鸟头及胸兜黑色，颊斑及颈后点斑白色，上体蓝灰色，腰银白色。雌鸟头部灰色较重，喉白色，与颊斑之间有灰色的下颊纹，眉略具浅色点。

生活习性：主要栖息于海拔 2000m 以下的针叶林或针阔叶混交林。

分布范围：我国东南部特有种。留鸟，钱江源国家公园内常见。（徐良怀摄）

17.9.2 大山雀 *Parus cinereus*

俗　　名：白脸山雀、白面只、灰山雀等。

外形特征：体大（体长约 14cm）而结实的黑色、灰色及白色山雀。成年大山雀头部整体为黑色，两颊各有一个椭圆形大白斑。翼上具一道醒目的白色条纹。一道黑色带沿胸中央而下（似黑色"拉链"）。

生活习性：大山雀是一种栖息在山区和平原林间的鸟类。主要以昆虫为食，兼食少量草籽、花等。冬季以树皮内的虫卵为食，对森林的益处极大。

分布范围：古北界、印度、东南亚。留鸟，钱江源国家公园内常见。（徐良怀摄）

17.10 攀雀科 Remizidae

17.10.1 中华攀雀 *Remiz consobrinus*

俗　　名：攀雀。
外形特征：雄鸟顶冠灰，脸罩黑，背棕色，尾凹形。雌鸟及幼鸟似雄鸟但色暗，脸罩略呈深色。
生活习性：栖息于高山针叶林或混交林间，也活动于低山开阔的村庄附近，冬季见于平原地区。
分布范围：俄罗斯的极东部及中国东北；迁徙至日本、朝鲜和中国东部。冬候鸟，钱江源国家公园内偶见。（徐良怀摄）

17.11.1 小云雀 *Alauda gulgula*

俗　　名：大鹨、天鹨、百灵、告
天鸟、阿鹨、阿兰、朝
天柱。

外形特征：体小（体长约15cm）的、
具褐色斑驳而似鹨的鸟。
具耸起的短羽冠，上有
细纹。全身羽毛黄褐色，
上体、双翼和尾巴有纵
斑纹，尾羽有白色羽缘。

生活习性：栖于长有短草的开阔地
区。与歌百灵不同处在
于从不停栖于树上。主
要以植物为食，也取食
昆虫等动物。

分布范围：欧亚大陆及非洲北部，
印度次大陆及中国的西
南地区，中南半岛和中
国的东南沿海地区及太
平洋诸岛屿。冬候鸟，
钱江源国家公园内偶见。

（朱曙升摄）

17.12 扇尾莺科 Cisticolidae

17.12.1 棕扇尾莺 *Cisticola juncidis*

外形特征：体小（体长约10cm）且具褐色纵纹的
莺。腰黄褐色，尾端白色清晰。

生活习性：栖息于开阔草地、稻田及甘蔗地上。

分布范围：分布区域广泛，从欧洲西南部、地中海
北岸到非洲的大部分地区，往东经阿拉
伯到巴基斯坦、印度、斯里兰卡、日本、
马来西亚、菲律宾、巴布亚新几内亚和
澳大利亚北部。留鸟，钱江源国家公园
内偶见。（徐良怀摄）

17.12.2 山鹪莺 *Prinia crinigera*

外形特征：体型略大（体长约16.5cm）且具深褐色纵纹的鹪莺。具形
长的凸形尾；上体灰褐色并具黑色及深褐色纵纹；下体偏白
色，两胁、胸及尾下覆羽沾茶黄色，胸部黑色纵纹明显。

生活习性：多栖息于高草及灌丛中，常在耕地活动。

分布范围：阿富汗至印度北部、缅甸、中国南方。留鸟，钱江源国家公
园内偶见。（吴志华摄）

17.12.3 黄腹山鹪莺 *Prinia flaviventris*

俗　　名：黄腹鹪莺、灰头鹪莺。

外形特征：体型略大（体长约13cm）且尾长的橄榄绿色鹪莺。喉及胸
白色，以下胸及腹部黄色为其特征。头灰色，有时具浅淡近
白色的短眉纹；上体橄榄绿色；腿部皮黄色或棕色。

生活习性：栖息于芦苇沼泽、高草地及灌丛中。扑翼时发出清脆声响。

分布范围：巴基斯坦至中国南方、东南亚。留鸟，钱江源国家公园内偶
见。（徐良怀摄）

17.12.4 纯色山鹪莺 *Prinia inornata*

俗　　名：褐头鹪莺、纯色鹪莺。

外形特征：体型略大（体长约 15cm）且尾长的偏棕色鹪莺。尾长占体长的一半以上，全身褐色，体下较淡，有黄白色眉线，眼黄褐色。

生活习性：栖息于高草丛、芦苇地、沼泽、玉米地及稻田中。平时在地面附近觅食，觅食环境较灰头鹪莺广泛。

分布范围：印度、中国、东南亚。留鸟，钱江源国家公园内常见。（徐良怀摄）

17.13 苇莺科 Acrocephalidae

17.13.1 东方大苇莺 *Acrocephalus orientalis*

俗　　名：苇串儿、呱呱唧、剖苇、麻喳喳。
外形特征：体型略大（体长约19cm）的褐色苇莺。
　　　　　具显著的皮黄色眉纹。
生活习性：喜芦苇地、稻田、沼泽及低地次生灌丛。
分布范围：分布于我国华北和华南。主要分布在东
　　　　　亚和东南亚，其模式产地在日本。夏候
　　　　　鸟，钱江源国家公园内偶见。（徐良怀摄）

17.13.2 黑眉苇莺 *Acrocephalus bistrigiceps*

外形特征：中等体型（体长约13cm）的褐色苇莺。眼纹皮黄白色，其
　　　　　上下具清楚的黑色条纹，下体偏白色。
生活习性：栖息于近水的高芦苇丛及高草地。繁殖期及夏季取食于芦苇
　　　　　地，但迁徙时见于黍米地。
分布范围：繁殖于东北亚；冬季至印度、中国南方及东南亚。夏候鸟，
　　　　　钱江源国家公园内偶见。（吴志华摄）

17.13.3 远东苇莺 *Acrocephalus tangorum*

外形特征：中等体型（体长约14cm）的单调灰褐色苇莺。具有深色的
　　　　　过眼纹，以及宽白的、大而长的嘴。
生活习性：于近湖泊及河流的低矮植被中取食。特有习性为尾不停地抽
　　　　　动和上扬，并将顶冠羽耸起。
分布范围：繁殖于中国东北；越冬局限于缅甸东南部、泰国西南部及老
　　　　　挝南部。旅鸟，钱江源国家公园内偶见。（徐良怀摄）

17.14 蝗莺科 Locustellidae

17.14.1 矛斑蝗莺 *Locustella lanceolata*

俗　　名：黑纹蝗莺、竖纹蚂蚱。

外形特征：体型略小（体长约12.5cm）且具褐色纵纹的莺。上体橄榄褐色并具近黑色纵纹；下体白色而沾赭黄色，胸及两胁具黑色纵纹；眉纹皮黄色；尾端无白色。

生活习性：喜湿润稻田、沼泽灌丛、近水的休耕地及蕨丛中。

分布范围：繁殖于亚洲北部及中部；冬季迁徙至中国、东南亚。旅鸟，钱江源国家公园内偶见。（徐良怀摄）

17.15 燕 科 Hirundinidae

17.15.1 家燕 *Hirundo rustica*

俗　　名：观音燕、燕子、拙燕。

外形特征：中等体型（体长约20cm，包括尾羽延长部）的辉蓝色及白色的燕。上体钢蓝色；胸偏红色，而具一道蓝色胸带，腹白色；尾甚长，分叉，近端处具白色点斑。

生活习性：燕子是人类的益鸟，主要以蚊、蝇等昆虫为主食。

分布范围：几乎遍及全世界。繁殖于北半球，冬季南迁经非洲、亚洲、东南亚至澳大利亚。夏候鸟，钱江源国家公园内常见。（徐良怀摄）

17.15.2 金腰燕 *Cecropis daurica*

俗　　名：赤腰燕、胡燕、花燕儿等。

外形特征：体大（体长约18cm）的燕。浅栗色的腰与深钢蓝色的上体成对比，下体白色而多具黑色细纹，尾长而叉深。

生活习性：栖息于低山及平原的居民点附近。主要以昆虫为食。

分布范围：繁殖于欧亚大陆及印度部分地区；冬季迁至非洲、印度南部及东南亚。夏候鸟，钱江源国家公园内常见。（陈炳发摄）

17.16 鹎 科 Pycnonotidae

17.16.1 领雀嘴鹎 *Spizixos semitorques*

俗　　名：黄爪鸟、蓝头公、中国圆嘴布鲁布鲁等。

外形特征：体大（体长约23cm）的偏绿色鹎。厚重的嘴象牙色，具短羽冠。似凤头雀嘴鹎，但冠羽较短，头及喉偏黑色（台湾亚种灰色），背灰色。

生活习性：主要栖息于低山丘陵和山脚平原地区。食物主要以植物为主，兼食金龟子、步行虫等鞘翅目和其他昆虫。

分布范围：中国南方及中南半岛北部。留鸟，钱江源国家公园内常见。（徐良怀摄）

17.16.2 黄臀鹎 *Pycnonotus xanthorrhous*

外形特征：中等体型（体长约20cm）的灰褐色鹎。喉白色，顶冠及颈背黑色。

生活习性：主要栖息于中低山、山脚平坝与丘陵地区的次生阔叶林、栎林、混交林及林缘地区。主要以植物果实与种子为食，也捕食昆虫等动物，但幼鸟几全以昆虫为食。

分布范围：中国南方、中南半岛北部。留鸟，钱江源国家公园内常见。（陈炳发摄）

17.16.3 白头鹎 *Pycnonotus sinensis*

俗　　名：白头婆、白头翁。

外形特征：中等体型（体长约19cm）的橄榄色鹎。眼后一白色宽纹伸至颈背，黑色的头顶略具羽冠，髭纹黑色，臀白色。

生活习性：多活动于丘陵或平原的树本灌丛中，也见于针叶林中。春夏两季以动物为食，秋冬季则以植物为食。白头鹎捕食大量的农林业害虫，是农林益鸟之一。

分布范围：中国南方、越南北部及琉球群岛。留鸟，钱江源国家公园内常见。（徐文莲摄）

17.16.4 绿翅短脚鹎 *Ixos mcclellandii*

外形特征：体大（体长约24cm）而喜喧闹的橄榄色鹎。羽冠短而尖，颈背及上胸棕色，喉偏白色而具纵纹。头顶深褐色，具偏白色细纹。

生活习性：以小型果实及昆虫为食。常在山茶花上见到，取食花粉，也捕食访花的蜜蜂等昆虫。多在乔木树冠层或林下灌木上跳跃、飞翔，并同时发出喧闹的叫声。

分布范围：中国南方、东南亚。留鸟，钱江源国家公园内常见。（牛蜀军摄）

17.16.5 栗背短脚鹎 *Hemixos castanonotus*

外形特征：体型略大（体长约21cm）而外观漂亮的鹎。上体栗褐色，头顶黑色而略具羽冠，喉白色，腹部偏白色；胸及两胁浅灰色；两翼及尾灰褐色，覆羽及尾羽边缘绿黄色。

生活习性：常成对或成小群活动于乔木树冠层，也到林下灌木和小树上活动和觅食。主要以植物为食，也捕食昆虫等动物，属杂食性。

分布范围：中国南方及越南西北部。留鸟，钱江源国家公园内常见。（王大昌摄）

白头型

17.16.6 黑短脚鹎 *Hypsipetes leucocephalus*

俗　　名：黑鹎、头公、白头黑布鲁布鲁、山白头。

外形特征：中等体型（体长约20cm）的黑色鹎。尾略分叉，嘴、脚及眼亮红色。部分亚种头部白色（又称白头黑鹎），西部亚种的前半部分偏灰色。

生活习性：主要生活于海拔500～1000m的山林高大乔木上，并随季节变化发生垂直迁移和水平迁移现象。杂食性，主要以果实（如无花果等）和昆虫等为食。

分布范围：印度、中国南方及中南半岛。留鸟，钱江源国家公园内常见。（牛蜀军摄）

17.17 柳莺科 Phylloscopidae

17.17.1 褐柳莺 *Phylloscopus fuscatus*

俗　　名：达达跳、嘎叭嘴、褐色柳莺。

外形特征：中等体型（体长约11cm）的单一褐色柳莺。外形甚显紧凑而墩圆，两翼短圆，尾圆而略凹。下体乳白色，胸及两胁沾黄褐色。

生活习性：栖息于从山脚平原到海拔4500m的山地森林和林线以上的高山灌丛地带。主要以昆虫为食。

分布范围：繁殖于西伯利亚、蒙古北部、中国北部及东部，冬季迁徙至中国南方、东南亚。旅鸟，钱江源国家公园内偶见。（牛蜀军摄）

17.17.2 黄腰柳莺 *Phylloscopus proregulus*

俗　　名：黄尾根柳莺、黄腰丝、帕氏柳莺等。

外形特征：体小（体长约9cm）的背部绿色的柳莺。腰柠檬黄色；具两道浅色翼斑；下体灰白色，臀及尾下覆羽沾浅黄色；具黄色的粗眉纹和适中的顶纹。

生活习性：栖息于森林和林缘灌丛地带，常与其他柳莺混群活动，在林冠层穿梭跳跃，觅食昆虫及其幼虫，偶尔取食杂草种子。

分布范围：繁殖于亚洲北部；在印度、中国南方及中南半岛北部越冬。冬候鸟，钱江源国家公园内偶见。（牛蜀军摄）

17.17.3 黄眉柳莺 *Phylloscopus inornatus*

俗　　名：白目眶丝、槐串儿。

外形特征：体长约11cm的鲜艳橄榄绿色柳莺。通常具两道明显的近白色翼斑，纯白色或乳白色的眉纹而无可辨的顶纹，下体色彩从白色变至黄绿色。

生活习性：我国最常见的、数量最多的小型食虫鸟类，性活泼，常结群且与其他小型食虫鸟类混合，栖息于森林的中上层。

分布范围：繁殖于亚洲北部及中国东北；冬季南迁至印度、东南亚。旅鸟，钱江源国家公园内常见。（徐良怀摄）

17.17.4 冕柳莺 *Phylloscopus coronatus*

外形特征：中等体型（体长约12cm）的黄橄榄色柳莺。具近白色的眉纹和顶纹；上体绿橄榄色，飞羽具黄色羽缘，仅一道黄白色翼斑；下体近白色，与柠檬黄色的臀成对比；眼先及过眼纹近黑色。

生活习性：喜光顾红树林、林地及林缘，从海平面直至最高的山顶。加入混合鸟群，通常见于较大树木的树冠层。

分布范围：繁殖于东北亚；冬季南迁至中国、东南亚。旅鸟，钱江源国家公园内偶见。（童雪峰摄）

17.18 树莺科 Cettiidae

17.18.1 棕脸鹟莺 *Abroscopus albogularis*

外形特征：头部棕色，顶冠橄榄绿色，侧冠纹黑色，喉部白色具有细密的黑色纵纹。上体和尾橄榄绿色，下体白色。

生活习性：栖息于常绿林及竹林密丛中。

分布范围：尼泊尔至中国南方、中南半岛北部。留鸟，钱江源国家公园内常见。（徐良怀摄）

17.18.2 远东树莺 *Horornis canturians*

外形特征：皮黄色眉纹显著，眼纹深褐色，无翼斑或顶纹。雄鸟体长18cm左右，较雌鸟（体长约15cm）明显要大，具皮黄色眉纹和黑褐色贯眼纹。

生活习性：通常尾略上翘。栖息于高可至海拔1500m的次生灌丛中。

分布范围：繁殖于东亚；越冬至印度东北部、中国南方、东南亚。旅鸟，钱江源国家公园内常见。（徐良怀摄）

17.18.3 强脚树莺 *Horornis fortipes*

外形特征：体型略小（体长约12cm）的暗褐色树莺。具形长的皮黄色眉纹，下体偏白色而染褐黄色，尤其是胸侧、两胁及尾下覆羽。

生活习性：藏于浓密灌丛中，易闻其声但难将其赶出一见。通常独处。

分布范围：中国南方、东南亚。留鸟，钱江源国家公园内常见。（徐良怀摄）

17.19 长尾山雀科 Aegithalidae

17.19.1 红头长尾山雀 *Aegithalos concinnus*

俗　　名：小老虎、红宝宝儿、红顶山雀、红白面只。

外形特征：体长约10cm的活泼、优雅山雀。头顶及颈背棕色，过眼纹宽而黑色，额及喉白色，且具黑色圆形胸兜，下体白色且具不同程度的栗色。

生活习性：偶与银喉长尾山雀混群，但活动区更靠近低山山坡的灌木丛间，也经常停歇在高大树木的枝头上不断鸣叫。主要以鞘翅目和鳞翅目等昆虫为食。

分布范围：中南半岛、中国华南及华中。留鸟，钱江源国家公园内常见。（徐良怀摄）

17.20 莺鹛科 Sylviidae

17.20.1 棕头鸦雀 *Sinosuthora webbiana*

俗　　名：红头仔、乌形山雀、相思鸟等。

外形特征：全长约12cm。头顶至上背棕红色，上体余部橄榄褐色，翅红棕色，尾暗褐色。喉、胸粉红色，下体余部淡黄褐色。

生活习性：栖息于中海拔的灌丛及林缘地带。食物主要为昆虫，也有野生植物的种子。

分布范围：中国、朝鲜及越南北部。留鸟，钱江源国家公园内常见。（徐良怀摄）

17.20.2 灰头鸦雀 *Psittiparus gularis*

俗　　名：金色乌形山雀。

外形特征：体大（体长约18cm）的褐色鸦雀。雌雄羽色相似。特征为头灰色，嘴橘黄色。头侧有黑色长条纹，喉中心黑色。下体余部白色。

生活习性：主要栖息于海拔1800m以下的山地常绿阔叶林、次生林、竹林和林缘灌丛中。主要以昆虫和昆虫幼虫为食，也食用植物的果实和种子。

分布范围：中国南方及东南亚。留鸟，钱江源国家公园内偶见。（徐良怀摄）

17.20.3 点胸鸦雀 *Paradoxornis guttaticollis*

外形特征：体大（体长约 18cm）且有特色的鸦雀。
　　　　　特征为胸上具深色的倒"V"字形细纹。
　　　　　头顶及颈背赤褐色，耳羽后端有显眼的
　　　　　黑色块斑。
生活习性：栖息于灌丛、次生植被及高草丛。
分布范围：印度、中国南方及中南半岛北部。留鸟，
　　　　　钱江源国家公园内偶见。（汪福海摄）

17.20.4 震旦鸦雀 *Paradoxornis heudei*

外形特征：中等体型，体长约 18cm。黄色的嘴带很大的嘴钩，黑色眉纹显著，额、头顶及颈背灰色，黑色眉纹上缘黄褐色而下缘白色。
生活习性：在其分布区内严重依赖芦苇生境生存，没有芦苇，就会失去生存空间。主要食物是芦苇茎内、茎表、叶表上面移动能力较差的小虫以
　　　　　及介壳虫等。
分布范围：我国特有物种，分布于长江下游、江西、江苏、浙江等地。全球性濒危鸟类。留鸟，钱江源国家公园内偶见。（牛蜀军摄）

17.21 绣眼鸟科 Zosteropidae

17.21.1 栗耳凤鹛 *Yuhina castaniceps*

外形特征：中等体型（体长约13cm）的凤鹛。雌雄羽色相似。额、头顶至枕灰色，头顶有一短的不甚明显的羽冠。

生活习性：主要栖息于海拔1500m以下的沟谷雨林、常绿阔叶林和混交林中。主要以甲虫、金龟子等昆虫为食，也食用植物果实与种子。

分布范围：印度东北部、中国南方及东南亚。留鸟，钱江源国家公园内偶见。（牛蜀军摄）

17.21.2 暗绿绣眼鸟 *Zosterops japonicus*

俗　　名：白眼儿、金眼圈、绣眼儿等。

外形特征：小型鸟类，体长9～11cm。背部羽毛为绿色，胸和腰部为灰色，腹部白色；翅膀和尾部羽毛泛绿光；明显的特征是眼的周围环绕着白色绒状短羽，形成鲜明的白眼圈，故名绣眼。

生活习性：主要栖息于阔叶林和以阔叶树为主的针阔叶混交林、竹林、次生林等各种类型森林中。昆虫在其食谱中占95%，其余是在植物花期啄食的花蜜以及果实。

分布范围：日本、中国、缅甸及越南北部。留鸟，钱江源国家公园内常见。（徐良怀摄）

17.22 林鹛科 Timaliidae

17.22.1 **华南斑胸钩嘴鹛** *Erythrogenys swinhoei*

外形特征： 体型略大（体长约 25cm）的钩嘴鹛。嘴褐色，头顶及颈背褐色具纵纹；背、两翼及尾纯棕色；胸具粗黑纵纹。

生活习性： 栖于湿润疏灌丛的钩嘴鹛。

分布范围： 分布于我国华中、华南地区。留鸟，钱江源国家公园内偶见。（上图：吴志华摄；下图：牛蜀军摄）

17.22.2 棕颈钩嘴鹛 *Pomatorhinus ruficollis*

俗　　名：小偃月嘴嘈杂鸟、小钩嘴鹛、小钩嘴嘈
　　　　　鹛等。

外形特征：体型略小（体长约19cm）的褐色钩嘴
　　　　　鹛。具栗色的颈圈，白色的长眉纹，眼
　　　　　先黑色，喉白色，胸具纵纹，特征十分
　　　　　显著。

生活习性：栖息于低山和山脚平原地带的阔叶林、
　　　　　次生林、竹林和林缘灌丛中。主要以昆
　　　　　虫和昆虫幼虫为食，也食用植物果实与
　　　　　种子。

分布范围：中南半岛北部，中国华中、华南、台湾
　　　　　及海南。留鸟，钱江源国家公园内常见。
　　　　　（徐良怀摄）

17.22.3 红头穗鹛 *Cyanoderma ruficeps*

俗　　名：红顶嘈鹛、红顶穗鹛、红头小鹛等。

外形特征：体小（体长约12.5cm）的褐色穗鹛。
　　　　　顶冠棕色，上体暗灰橄榄色，眼先暗黄
　　　　　色，喉、胸及头侧沾黄色，下体黄橄榄
　　　　　色；喉具黑色细纹。

生活习性：栖息于森林、灌丛及竹丛中。食物主要
　　　　　为昆虫和昆虫幼虫，偶尔食用少量植物
　　　　　果实与种子。

分布范围：中国华中、华南及台湾，中南半岛。留鸟，
　　　　　钱江源国家公园内常见。（陈炳发摄）

17.23 幽鹛科 Pellorneidae

17.23.1 褐顶雀鹛 *Schoeniparus brunneus*

俗　　名：山乌眉、乌眉褐雀鹛。

外形特征：体型略大（体长约 13cm）的褐色雀鹛。下体皮黄色，与栗头雀鹛的区别在于两翼纯褐色。与褐胁雀鹛的区别主要在于无白色眉纹。

生活习性：栖息于海拔 400 ～ 1830m 的常绿林及落叶林的灌丛层中。

分布范围：我国华南、华中及台湾。留鸟，钱江源国家公园内偶见。（徐良怀摄）

17.23.2 灰眶雀鹛 *Alcippe morrisonia*

俗　　名：白眼环眉、山白目眶。

外形特征：体型略大（体长约 14cm）、喧闹而好奇的群栖型雀鹛。上体褐色，头灰色，下体灰皮黄色。具明显的白色眼圈。深色侧冠纹从显著至几乎缺乏。

生活习性：主要栖息于海拔 2500m 以下的山地和山脚平原地带的森林和灌丛中。主要以昆虫及其幼虫为食，也取食植物的果实、种子、叶、芽等。

分布范围：中国南方及台湾，中南半岛北部。留鸟，钱江源国家公园内常见。（徐文莲摄）

17.24 噪鹛科 Leiothrichidae

17.24.1 画眉 *Garrulax canorus*

俗　　名：金画眉。
外形特征：体型略小（体长约22cm）的棕褐色鹛。特征为白色的眼圈在眼后延伸成狭窄的眉纹（画眉的名称由此而来）。顶冠及颈背有偏黑色纵纹。
生活习性：喜在灌丛中穿飞和栖息，常在林下的草丛中觅食。杂食性，但在繁殖季节嗜食昆虫，其中有很多是农林害虫；在非繁殖季节以野果和草籽等为食。
分布范围：中国（华中及东南、台湾、海南）、中南半岛北部。留鸟，钱江源国家公园内常见。（徐良怀摄）

17.24.2 灰翅噪鹛 Garrulax cineraceus

外形特征：体型略小（体长约22cm）且具醒目图纹的噪鹛。头顶、颈背、眼后纹、髭纹及颈侧细纹黑色。三级飞羽、次级飞羽及尾羽羽端黑色，且具白色的月牙形斑。与白颊噪鹛的区别在于尾部及翼上图纹。

生活习性：主要栖息于海拔600～2600m的常绿阔叶林、落叶阔叶林、针阔叶混交林、竹林和灌木林中。主要以昆虫为食，此外也食用植物果实、种子及草籽等。

分布范围：印度东北部及缅甸北部至中国华东、华中及东南地区。留鸟，钱江源国家公园内偶见。（王昌大摄）

17.24.3 黑脸噪鹛 Garrulax perspicillatus

俗　　名：嘈杂鸫、黑脸笑鸫、黑面笑画眉等。

外形特征：体型略大（体长约30cm）的灰褐色噪鹛。特征为额及眼罩黑色，状如戴了一副黑色眼镜，极为醒目；上体暗褐色；外侧尾羽端宽，深褐色；下体偏灰色渐次为腹部近白色，尾下覆羽黄褐色。

生活习性：主要栖息于平原和低山、丘陵地带的灌丛与竹丛中，主要以昆虫为主，也食用其他无脊椎动物及植物果实、种子和部分农作物。

分布范围：中国华东、华中及华南，越南北部。留鸟，钱江源国家公园内常见。（徐良怀摄）

17.24.4 小黑领噪鹛 Garrulax monileger

俗　　名：带颈珠笑鸫。

外形特征：中等体型（体长约28cm）的棕褐色噪鹛。雌雄羽色相似。下体白色，具粗显的黑色项纹，眼后有粗黑线。

生活习性：主要栖息于海拔1300m以下的低山和山脚平原地带的阔叶林、竹林和灌丛中。主要以昆虫为食，也食用植物果实和种子。

分布范围：中国南方、中南半岛。留鸟，钱江源国家公园内偶见。（王昌大摄）

17.24.5 黑领噪鹛 Garrulax pectoralis

俗　　名：带半领笑鸫、领笑鸫。

外形特征：体型略大（体长约30cm）的棕褐色噪鹛。头胸部具复杂的黑白色图纹。似小黑领噪鹛，但区别主要在于眼先浅色，且初级覆羽色深而与翼余部成对比。

生活习性：多在林下茂密的灌丛或竹丛中活动和觅食。主要以昆虫为食，也食用草籽和其他植物的果实、种子。

分布范围：印度东北部、中国华中及华东、泰国西部、老挝北部及越南北部。留鸟，钱江源国家公园内偶见。（范忠勇摄）

17.24.6 棕噪鹛 *Garrulax berthemyi*

外形特征：体型略大（体长约 28cm）的棕褐色噪鹛。雌雄羽色相似。眼周蓝色裸露皮肤明显。头、胸、背、两翼及尾橄榄栗褐色，顶冠略具黑色的鳞状斑纹。腹部及初级飞羽羽缘灰色，臀白色。

生活习性：主要以昆虫为食，也食用植物果实、种子和草籽。

分布范围：我国华中至东南及台湾。留鸟，钱江源国家公园内偶见。（范忠勇摄）

17.24.7 白颊噪鹛 *Garrulax sannio*

俗　　名：白颊笑鸫、白眉笑鸫、白眉噪鹛等。

外形特征：中等体型（体长约 25cm）的灰褐色噪鹛。尾下覆羽棕色，特征为皮黄白色的脸部图纹系眉纹，以及下颊纹由深色的眼后纹所隔开。

生活习性：主要栖息于海拔 2000m 以下的低山、丘陵和山脚平原等地的矮树、灌丛和竹丛中。主要以昆虫及其幼虫等为食，也食用植物果实和种子。

分布范围：印度东北部、中国华中及华南、中南半岛北部。留鸟，钱江源国家公园内常见。（徐良怀摄）

17.24.8 红嘴相思鸟 *Leiothrix lutea*

俗　　名：红嘴绿观音、红嘴鸟、相思鸟等。

外形特征：色艳可人的小巧（体长约15.5cm）鹛类。具显眼的红嘴。上体橄榄绿色，眼周有黄色块斑，下体橙黄色。尾近黑色，且略分叉。

生活习性：常栖居于常绿阔叶林、常绿落叶阔叶林混交林的灌丛或竹林中，很少在林缘活动。主要以昆虫为食，也食用植物的果实、种子等。

分布范围：印度、缅甸西部及北部、中国南方及越南北部。留鸟，钱江源国家公园内常见。（徐良怀摄）

17.25 河乌科 Cinclidae

17.25.1 褐河乌 *Cinclus pallasii*

俗　　名：水乌鸦、小水乌鸦。

外形特征：体型略大（体长约21cm）的深褐色河乌。体无白色或浅色胸围。有时眼上的白色小块斑明显，常为眼周羽毛遮盖而外观不显著。雌鸟形态与雄鸟相似。

生活习性：栖息活动于山间河流两岸的大石上或倒木上。在水中寻食，全年以动物为食，偶尔取食植物叶子。

分布范围：南亚、东亚及中南半岛北部。留鸟，钱江源国家公园内常见。（徐良怀摄）

17.26 椋鸟科 Sturnidae

17.26.1 八哥 *Acridotheres cristatellus*

俗　　名：凤头八哥、鹦鹆、中国凤头八哥等。
外形特征：体大（体长约26cm）的黑色八哥。通
　　　　　体黑色，冠羽突出，翅有大型白斑。尾
　　　　　羽具有白色端。
生活习性：主要栖息于海拔2000m以下的低山丘
　　　　　陵和山脚平原地带的次生阔叶林、竹林
　　　　　和林缘疏林中。常尾随耕田的牛，取食
　　　　　翻耕出来的蚯蚓、蝗虫、蝼蛄等；也在
　　　　　树上啄食榕果、乌桕籽、悬钩子等。
分布范围：中国及中南半岛。曾引种至菲律宾及加
　　　　　里曼丹岛。留鸟，钱江源国家公园内常
　　　　　见。（徐良怀摄）

17.26.2 丝光椋鸟 *Spodiopsar sericeus*

俗　　名：丝毛椋鸟。
外形特征：灰色及黑白色椋鸟，体长
　　　　　20～23cm。最鲜明的特征：白头——
　　　　　头顶部、后颈和颊部棕白色；各羽呈披
　　　　　散的矛状。
生活习性：主要栖息于海拔1000m以下的低山丘
　　　　　陵和山脚平原地区的次生林、小块丛林
　　　　　和稀树草坡等开阔地带。喜结群于地面
　　　　　觅食，取食植物果实、种子和昆虫。
分布范围：中国、越南、菲律宾。留鸟，钱江源国
　　　　　家公园内常见。（程育全摄）

17.26.3 灰椋鸟 *Spodiopsar cineraceus*

俗　　名：高粱头。

外形特征：中等体型（体长约24cm）的棕灰色椋鸟。头部上黑色而两侧白色，臀、外侧尾羽羽端及次级飞羽上的狭窄横纹白色。雌鸟色浅而暗。

生活习性：栖息于海拔800m以下的低山丘陵和开阔平原地带。主要以昆虫为食，也取食少量植物果实与种子。

分布范围：欧亚大陆及非洲北部；我国分布于黑龙江以南至辽宁、河北、内蒙古以及黄河流域一带，夏候鸟，迁徙及越冬时普遍见于我国东部至华南广大地区。冬候鸟，钱江源国家公园内偶见。（徐良怀摄）

17.26.4 黑领椋鸟 *Gracupica nigricollis*

俗　　名：白头椋鸟、白头莺、黑脖八哥。

外形特征：体大（体长约28cm）的黑白色椋鸟。头白色；颈环及上胸黑色；背及两翼黑色，翼缘白色；尾黑色而尾端白色；眼周裸露皮肤及腿黄色。

生活习性：主要栖息于山脚平原、草地、农田、灌丛、荒地、草坡等开阔地带。主要以昆虫为食，也取食蚯蚓、蜘蛛等其他无脊椎动物和植物果实、种子等。

分布范围：中国南方及东南亚。留鸟，钱江源国家公园内常见。（徐良怀摄）

17.27 鸫 科 Turdidae

雌

雄

17.27.1 橙头地鸫 *Geokichla citrina*

外形特征：中等体型（体长约22cm）、头为橙黄色的地鸫。雄鸟头、颈背及下体深橙褐色，臀白色，上体蓝灰色，翼具白色横纹。雌鸟上体橄榄灰色。

生活习性：性羞怯，喜多荫森林，常躲藏在浓密枝叶覆盖下的地面。

分布范围：分布于印度、孟加拉国、斯里兰卡、缅甸、泰国、老挝、柬埔寨、越南、马来西亚、中国（贵州、湖北、安徽、广东、海南、广西、云南等）。夏候鸟，钱江源国家公园内偶见。（牛蜀军摄）

雄 – 幼鸟

雌

雄

17.27.2 白眉地鸫 *Geokichla sibirica*

外形特征：中等体型（体长约23cm）的近黑色（雄鸟）或褐色（雌鸟）地鸫。眉纹显著。雄鸟石板灰黑色，眉纹白色，尾羽羽端及臀白色。雌鸟橄榄褐色，下体皮黄白及赤褐色，眉纹皮黄白色。

生活习性：性活泼，栖于森林地面及树间，有时结群。

分布范围：繁殖于亚洲北部；冬季迁徙至大巽他群岛。旅鸟，钱江源国家公园内偶见。（上图：牛蜀军摄；右图：红外相机摄）

17.27.3 虎斑地鸫 *Zoothera aurea*

俗　　名：顿鸡。

外形特征：体大（体长约28cm）并具粗大的褐色鳞状斑纹的地鸫。上体褐色，下体白色，黑色及金皮黄色的羽缘使其通体满布鳞状斑纹。

生活习性：栖居于茂密森林，于森林地面取食。主食有害昆虫，对农林有益。

分布范围：广布于欧洲及印度至中国、东南亚。冬候鸟，钱江源国家公园内偶见。（牛蜀军摄）

17.27.4 灰背鸫 *Turdus hortulorum*

外形特征：体型略小（体长约24cm）的灰色鸫。上体石板灰色，颏、喉灰白色，胸淡灰色，两胁和翅下覆羽橙栗色，腹白色，两翅和尾黑色。

生活习性：多活动于林缘、荒地、草坡、林间空地和农田等开阔地带。主要以昆虫和昆虫幼虫为食，此外也取食蚯蚓等其他动物和植物果实、种子等。

分布范围：繁殖于西伯利亚东部及中国东北，至中国南方越冬。冬候鸟，钱江源国家公园内偶见。（徐文莲摄）

雌

雄

17.27.5 乌灰鸫 *Turdus cardis*

俗　　名：黑鸫、日本乌鸫。

外形特征：体小（体长约21cm）的鸫。雄鸟上体
纯黑灰色，头及上胸黑色，下体余部白
色，腹部及两胁具黑色点斑。雌鸟上体
灰褐色，下体白色，上胸具偏灰色的横
斑，胸侧及两胁沾赤褐色，胸及两侧具
黑色点斑。

生活习性：栖于落叶林，藏身于稠密植物丛中。甚
羞怯。一般独处，但迁徙时结小群。

分布范围：繁殖于日本及中国东部，越冬于中国南
方及中南半岛北部。旅鸟，钱江源国家
公园内偶见。（牛蜀军摄）

17.27.6 乌鸫 *Turdus mandarinus*

俗　　名：百舌、黑鸫、黑鸟等。

外形特征：体型略大（体长约29cm）的全深色鸫。雄鸟全黑色，嘴橘黄色，眼圈黄色，脚黑色。雌鸟上体黑褐色，下体深褐色，嘴暗绿黄色至黑色，眼圈颜色略淡。与灰翅鸫的区别在于翼全深色。

生活习性：于地面取食，在树叶中翻找无脊椎动物、蠕虫，冬季也食用果实及浆果。栖息于林地、村镇边缘、平原草地或园圃间，常结小群在地面上奔跑，亦常至垃圾堆等处找食。

分布范围：欧亚大陆、北非、印度；越冬至中南半岛。留鸟，钱江源国家公园内常见。（徐良怀摄）

雄

雌

17.27.7 白眉鸫 *Turdus obscurus*

外形特征：中等体型（体长约23cm）的褐色鸫。雄鸟头、颈灰褐色，具长而显著的白色眉纹，眼下有一白斑。雌鸟头和上体橄榄褐色，喉白色且具褐色条纹。

生活习性：活动于低矮树丛及林间。主要以鞘翅目、鳞翅目等昆虫和昆虫幼虫为食，也取食其他小型无脊椎动物和植物果实、种子。

分布范围：繁殖于古北界中部及东部；冬季迁徙至印度东北部、东南亚。旅鸟，钱江源国家公园内偶见。（牛蜀军摄）

17.27.8 白腹鸫 *Turdus pallidus*

外形特征：体长21～24cm。雄鸟额、头顶和颈灰褐色，脸和喉部灰色，无眉纹，上体橄榄褐色，胸和两胁灰褐色，其余下体白色。雌鸟喉部白色，脸部颜色亦较浅且多斑纹。

生活习性：栖于低地森林、次生植被、公园及花园。主要以鞘翅目、鳞翅目等昆虫和昆虫幼虫为食，也取食其他小型无脊椎动物和植物果实、种子。

分布范围：繁殖于东北亚；冬季南迁至东南亚。冬候鸟，钱江源国家公园内偶见。（朱曙升摄）

17.27.9 斑鸫 *Turdus eunomus*

俗　　名：斑点鸫、穿草鸡、窜儿鸡等。

外形特征：本物种雄雌同形同色。中等体型（体长约25cm）而具明显黑白色图纹的鸫。具浅棕色的翼线和棕色的宽阔翼斑。雌鸟褐色及皮黄色较暗淡，斑纹同雄鸟，下胸黑色点斑较小。

生活习性：喜活动于平原田地或开阔山坡的草丛灌木间。本物种的食谱以各色昆虫为主，此外也取食各种植物的果实、种子。

分布范围：繁殖于东北亚，迁徙至中国。冬候鸟，钱江源国家公园内常见。（徐良怀摄）

17.28 鹟　科 Muscicapidae

雌

17.28.1 红尾歌鸲 *Larvivora sibilans*

俗　　名：红腰鸥鸲。

外形特征：体小（体长约13cm）、尾部棕色的歌鸲。形体优雅。上体橄榄褐色，尾棕色，下体近白色，胸部具橄榄色扇贝形纹。与其他雌歌鸲及鸲类的区别在于尾棕色。

生活习性：常栖于森林中茂密多荫的地面或低矮植被覆盖处，尾颤动有力。多单个活动。以卷叶蛾等多种害虫为食。

分布范围：繁殖于东北亚。冬季至中国南方越冬。旅鸟，迁徙时于钱江源国家公园内偶见。（徐良怀摄）

雌

17.28.2 红喉歌鸲 *Calliope calliope*

俗　　名：点颏、红点颏、野鸲等。

外形特征：中等体型（体长约16cm）且丰满的褐色歌鸲。具醒目的白色眉纹和颊纹，尾褐色，两胁皮黄色，腹部皮黄白。

生活习性：常栖息于平原地带的灌丛、芦苇丛或竹林间，更多活动于溪流近旁，多觅食于地面或灌丛的低地间。

分布范围：繁殖于东北亚。冬季至印度、中国南方及东南亚越冬。旅鸟，迁徙时于钱江源国家公园内偶见。（徐良怀摄）

17.28.3 红胁蓝尾鸲 *Tarsiger cyanurus*

俗　　名：蓝点冈子、蓝尾巴根子、蓝尾欧鸲等。

外形特征：体型略小（体长约 15cm）而喉白的鸲。
　　　　　特征为橘黄色两胁与白色腹部及臀成对
　　　　　比。雄鸟上体蓝色，眉纹白色；亚成鸟
　　　　　及雌鸟褐色，尾蓝色。

生活习性：主要栖息于海拔 1000m 以上的山地针
　　　　　叶林、岳桦林、针阔叶混交林和山上部
　　　　　林缘、疏林、灌丛地带。主要以昆虫及
　　　　　其幼虫为食，也食用少量植物。

分布范围：繁殖于亚洲东北部及喜马拉雅山脉。冬
　　　　　季迁至中国南方及东南亚。冬候鸟，钱
　　　　　江源国家公园内常见。（徐文莲摄）

雌

雄

17.28.4 蓝短翅鸫 *Brachypteryx montana*

俗　　名：黑雀儿、鸣鸡、山鸣鸡等。

外形特征：中等体型（体长约 15cm）的深蓝色（雄鸟）或褐色（雌鸟）短翅鸫。

生活习性：栖于植被覆盖茂密的地面，常近溪流。有时见于开阔林间空地，甚至于山顶多岩的裸露斜坡上。

分布范围：中国南方、东南亚。留鸟，钱江源国家公园内偶见。（牛蜀军摄）

17.28.5 鹊鸲 *Copsychus saularis*

俗　　名：四喜、土更鸟、知时鸟等。

外形特征：中等体型（体长约20cm）的黑白色鸲。雄鸟头、胸及背闪蓝黑色辉光，两翼及中央尾羽黑色，外侧尾羽及覆羽上的条纹白色，腹及臀亦白色。雌鸟似雄鸟，但暗灰色取代黑色。上体灰褐色，翅具白斑，下体前部亦为灰褐色，后部白色。

生活习性：栖息于村落旁的果园、菜地、灌丛、稀疏树林中。主要以昆虫为食，偶尔也取食小蛙等小型脊椎动物和植物果实、种子。

分布范围：印度、中国南方、东南亚。留鸟，钱江源国家公园内常见。（徐良怀摄）

雌

雄

17.28.6 北红尾鸲 *Phoenicurus auroreus*

俗　　名：北红尾鸲、花红燕儿、灰顶茶鸲等。

外形特征：中等体型（体长约15cm）且色彩艳丽的红尾鸲。雄鸟眼先、头侧、喉、上背及两翼褐黑色，仅翼斑白色；头顶及颈背灰色且具银色边缘；体羽余部栗褐色，中央尾羽深黑褐色。雌鸟褐色，白色翼斑显著，眼圈及尾皮黄色似雄鸟，但色较黯淡。

生活习性：主要栖息于山地、森林、河谷、林缘和居民点附近的灌丛与低矮树丛中。主要以昆虫为食。

分布范围：见于朝鲜、韩国、日本及中国，迁徙至日本、中国南方、中南半岛北部。冬候鸟，钱江源国家公园内常见。（徐良怀摄）

雌

雄

17.28.7 红尾水鸲 *Rhyacornis fuliginosa*

俗　　名：蓝石青儿、溪红尾鸲。

外形特征：体小（体长约14cm）的雄雌异色水鸲。雄鸟通体大多暗灰蓝色；翅黑褐色；尾羽和尾的上、下覆羽均栗红色。雌鸟上体灰褐色；翅褐色，具两道白色点状斑；尾羽白色，端部及羽缘褐色。

生活习性：活动于山泉、溪涧中或山区溪流、河谷及平原河川岸边的岩石间、溪流附近的建筑物四周或池塘堤岸间。主要以昆虫为食，也食用少量植物果实和种子。

分布范围：巴基斯坦、中国及中南半岛北部。留鸟，钱江源国家公园内常见。（徐良怀摄）

17.28.8 紫啸鸫 *Myophonus caeruleus*

外形特征：体长约32cm。雌雄鸟体羽相似。通体蓝黑色，仅翼覆羽具少量的浅色点斑。翼及尾沾紫色闪辉，头及颈部的羽尖具闪光小羽片。

生活习性：栖于临河流、溪流或密林中的多岩石露出处。地面取食，以昆虫和小蟹为食，兼食浆果及其他植物，在山地主要捕食昆虫。

分布范围：土耳其至印度及中国、东南亚。留鸟，钱江源国家公园内常见。（徐良怀摄）

17.28.9 小燕尾 *Enicurus scouleri*

外形特征：体小（体长约13cm）的黑白色燕尾。尾短，与黑背燕尾色彩相似，但尾短而叉浅。其头顶白色、翼上白色条带延至下部，且尾开叉，而易与雌红尾水鸲相区别。

生活习性：栖息于林中多岩的湍急溪流，尤其是瀑布周围。尾有节律地上下摇摆或扇开似红尾水鸲。

分布范围：土耳其、巴基斯坦、印度东北部、中国华南及华中和台湾、中南半岛北部。留鸟，钱江源国家公园内常见。（谢营乔摄）

17.28.10 灰背燕尾 *Enicurus schistaceus*

外形特征：中等体型（体长约23cm）的黑白色燕尾。与其他燕尾的区别在于头顶及背灰色。幼鸟头顶及背青石深褐色，胸部具鳞状斑纹。

生活习性：常立于林间多砾石的溪流旁。以水生昆虫、蚂蚁、蜻蜓幼虫、毛虫、螺类等为食。

分布范围：中国南方及中南半岛。留鸟，钱江源国家公园内常见。（吴志华摄）

17.28.11 白额燕尾 *Enicurus leschenaulti*

外形特征：中等体型（体长约25cm）的黑白色燕尾。前额和顶冠白色（其羽有时耸起成小凤头状）；头余部、颈背及胸黑色；腹部、下背及腰白色；两翼和尾黑色，尾叉甚长而羽端白色；两枚最外侧尾羽全白。

生活习性：栖息于山涧溪流与河谷沿岸，常单独或成对活动。主要以水生昆虫和昆虫幼虫为食。

分布范围：印度北部、中国南方、东南亚。留鸟，钱江源国家公园内常见。（徐良怀摄）

17.28.12 黑喉石䳭 *Saxicola maurus*

俗　　名：谷尾鸟、石栖鸟。

外形特征：中等体型（体长约14cm）的黑色、白色及赤褐色䳭。雄鸟头部及飞羽黑色，背深褐色，颈及翼上具粗大的白斑，腰白色，胸棕色。雌鸟色较暗而无黑色，下体皮黄色，仅翼上具白斑。

生活习性：喜开阔的栖息生境，如农田、花园及次生灌丛。主要以昆虫为食，也取食蚯蚓、蜘蛛等其他无脊椎动物以及少量植物果实和种子。

分布范围：繁殖于古北界、日本、喜马拉雅山脉及东南亚北部；冬季至非洲、中国南方、印度及东南亚。冬候鸟，钱江源国家公园内常见。（徐良怀摄）

17.28.13 蓝矶鸫 *Monticola solitarius*

俗　　名：麻石青、水嘴。

外形特征：中等体型（体长约23cm）的青石灰色矶鸫。雄鸟暗蓝灰色，具淡黑色及近白色的鳞状斑纹。雌鸟上体灰色沾蓝色，下体皮黄色而密布黑色鳞状斑纹。亚成鸟似雌鸟，但上体具黑白色鳞状斑纹。

生活习性：主要栖息于多岩石的低山峡谷以及山溪、湖泊等水域附近的岩石山地。主要以昆虫为食，尤以鞘翅目昆虫为多。

分布范围：分布广泛，为留鸟及候鸟，见于欧亚大陆、东南亚。冬候鸟，钱江源国家公园内偶见。（徐良怀摄）

雌

雄

17.28.14 栗腹矶鸫 *Monticola rufiventris*

外形特征：体大（体长约24cm）而雄雌异色的矶
鸫。繁殖期雄鸟脸具黑色脸斑。上体蓝
色，尾、喉及下体余部呈鲜艳栗色。雌
鸟褐色，上体具近黑色的扇贝形斑纹，
下体满布深褐色及皮黄色扇贝形斑纹。

生活习性：直立而栖，尾缓慢地上下弹动。有时面
对树枝，尾上举。

分布范围：巴基斯坦西部至中国南部及中南半岛北
部。留鸟，钱江源国家公园内偶见。
（牛蜀军摄）

17.28.15 白喉矶鸫 *Monticola gularis*

外形特征：体型小（体长 17～19cm）的矶鸫。雄鸟仅头顶蓝色，与其他矶鸫的区别在于喉块白色；雌鸟与其他雌性矶鸫的区别在于上体具黑色粗鳞状斑纹。

生活习性：栖于混合林、针叶林或多草的多岩地区。食物几乎完全为昆虫等。

分布范围：繁殖于古北界东北部，越冬于中国南方及东南亚。偶见于日本。旅鸟，钱江源国家公园内偶见。（红外相机摄）

17.28.16 灰纹鹟 *Muscicapa griseisticta*

俗　　名：灰纹鹟。

外形特征：体型略小（体长约14cm）的褐灰色鹟。眼圈白色，下体白色，胸及两胁满布深灰色纵纹。额具一狭窄的白色横带，并具狭窄的白色翼斑。

生活习性：性惧生，栖于密林、开阔森林及林缘，甚至城市公园的溪流附近。

分布范围：我国主要分布于北京、内蒙古、辽宁、吉林、黑龙江、江苏、四川、甘肃、台湾、香港。繁殖于我国极东北部的落叶林，迁徙经华东、华中及华南和台湾。旅鸟，钱江源国家公园内偶见。（徐良怀摄）

17.28.17 北灰鹟 *Muscicapa dauurica*

俗　　名：大眼嘴儿、灰砂来、阔嘴鹟等。

外形特征：体型略小（体长约13cm）的灰褐色鹟。上体灰褐色，下体偏白色，胸侧及两胁褐灰色。眼圈白色，冬季眼先偏白色。

生活习性：捕食昆虫回至栖处后尾作独特的颤动。

分布范围：繁殖于东北亚及喜马拉雅山脉，边缘分布于东南；冬季南迁至印度、东南亚。旅鸟，钱江源国家公园内偶见。（徐良怀摄）

雌

雄

17.28.18 白眉姬鹟 *Ficedula zanthopygia*

俗　　名：花头黄、黄翁、鸭蛋黄等。
外形特征：体小（体长约13cm）的黄色、白色及黑色鹟。腰、喉、胸及上腹黄色，下腹、尾下覆羽白色，其余黑色，仅眉线及翼斑白色。
生活习性：主要栖息于海拔1200m以下的低山、丘陵和山脚地带的阔叶林和针阔叶混交林中。主要以昆虫为食。
分布范围：繁殖于东北亚；冬季南迁至中国南部、东南亚。旅鸟，迁徙时于钱江源国家公园内偶见。（牛蜀军摄）

17.28.19 鸲姬鹟 *Ficedula mugimaki*

俗　　名：白眉赭胸、白眉紫砂来、麦翁等。
外形特征：雄鸟为体型略小（体长约13cm）的橘黄色及黑白色鹟。上体灰黑色，狭窄的白色眉纹于眼后；翼上具明显的白斑，尾基部羽缘白色；喉、胸及腹侧橘黄色；腹中心及尾下覆羽白色。
生活习性：喜林缘地带、林间空地及山区森林。尾常抽动并扇开。
分布范围：繁殖于亚洲北部；冬季南迁至东南亚。旅鸟，迁徙时于钱江源国家公园内偶见。（徐良怀摄）

17.28.20 白腹蓝鹟 *Cyanoptila cyanomelana*

俗　　名：琉璃鸟、山竹鸟。
外形特征：雄鸟为体大（体长约17cm）的蓝色、黑色及白色鹟。特征为脸、喉及上胸近黑色，上体闪光钴蓝色，下胸、腹及尾下的覆羽白色。
生活习性：栖息于海拔1200m以上的针阔叶混交林及林缘灌丛。从树冠取食昆虫。
分布范围：繁殖于东北亚；冬季南迁至中国、马来西亚、菲律宾及大巽他群岛。旅鸟，迁徙时于钱江源国家公园内偶见。（吴成富摄）

17.29 丽星鹩鹛科 Elachuridae

17.29.1 丽星鹩鹛 *Elachura formosa*

外形特征：体小（体长约 10cm）而尾短的鹩鹛。特征为上体深褐色而带白色小点斑，两翼及尾具棕色及黑色横斑。下体皮黄褐色，而多具黑色蠹斑及白色小点斑。

生活习性：性隐蔽，隐匿于山区常绿林的林下层。

分布范围：中国西南、华南及东南，中南半岛北部。留鸟，钱江源国家公园内偶见。（范忠勇摄）

17.30 叶鹎科 Chloropseidae

雌

雄

17.30.1 橙腹叶鹎 *Chloropsis hardwickii*

外形特征：体型略大（体长约20cm）而色彩鲜艳的叶鹎。额至后颈黄绿色，其余上体绿色，小覆羽亮钴蓝色，形成明显的肩斑。颏、喉、上胸黑色且具钴蓝色髭纹，其余下体橙色。

生活习性：性情活跃，以昆虫为食，栖于森林各层。

分布范围：东南亚及中国南方。留鸟，钱江源国家公园内偶见。（徐良怀摄）

/111

17.31 花蜜鸟科 Nectariniidae

雌

雄

17.31.1 叉尾太阳鸟 *Aethopyga christinae*

俗　　名：燕尾太阳鸟。

外形特征：叉尾太阳鸟是体小（体长约10cm）而纤弱的太阳鸟。顶冠及颈背金属绿色，上体橄榄色或近黑色，腰黄色。

生活习性：多见于中山、低山丘陵地带的山沟、山溪旁和山坡阔叶林，也见于村寨附近的树丛中或活动于热带雨林和油茶林中。

分布范围：分布于中国南方、越南。浙江省重点保护野生动物。留鸟，钱江源国家公园内偶见。（徐文莲摄）

17.32 梅花雀科 Estrildidae

17.32.1 白腰文鸟 *Lonchura striata*

俗　　名：白丽鸟、禾谷、十姊妹、十姐妹、算命鸟。

外形特征：中等体型（体长约11cm）的文鸟。上体深褐色，特征为具尖形的黑色尾，腰白色，腹部皮黄白色。背上有白色纵纹，下体具细小的皮黄色鳞状斑及细纹。

生活习性：常见于平原及山脚，少见于高山。以植物种子为主食，特别喜欢稻谷。在夏季也取食一些昆虫和未熟的谷穗、草穗。

分布范围：印度、中国南方、东南亚。留鸟，钱江源国家公园内常见。（徐良怀摄）

17.32.2 斑文鸟 *Lonchura punctulata*

俗　　名：花斑衔珠鸟、麟胸文鸟、小纺织鸟等。

外形特征：体型略小（体长约10cm）的暖褐色文鸟。雄雌同色。上体褐色，羽轴白色而成纵纹，喉红褐色，下体白色，胸及两胁具深褐色鳞状斑。亚成鸟下体浓皮黄色，而无鳞状斑。

生活习性：多在庭院、村边、农田和溪边树上以及灌丛与竹林中活动，也在草丛和地面活动。主要以谷粒等农作物种子为食，也食用草籽及其他野生植物果实和种子，繁殖期间兼食部分昆虫。

分布范围：印度、中国南方、东南亚。引种至澳大利亚及其他地区。留鸟，钱江源国家公园内常见。（徐良怀摄）

17.33 雀 科 Passeridae

雌

雄

17.33.1 山麻雀 *Passer cinnamomeus*

俗　　名：桂色雀、红雀、黄雀。

外形特征：中等体型（体长约14cm）的艳丽麻雀。雄雌异色。雄鸟顶冠及上体为鲜艳的黄褐色或栗色，上背具纯黑色纵纹，喉黑色，脸颊污白色。雌鸟色较暗，具深色的宽眼纹及奶油色的长眉纹。

生活习性：栖息于海拔1500m以下的低山丘陵和山脚平原地带的各类森林和灌丛中。主要以植物和昆虫为食。

分布范围：我国西藏高原东部及华中、华南和华东。留鸟，钱江源国家公园内常见。（徐良怀摄）

17.33.2 麻雀 *Passer montanus*

俗　　名：禾雀、家雀、南麻雀等。

外形特征：一般麻雀体长为14cm左右。顶冠及颈背褐色。雌雄形色非常接近（可通过肩羽来加以辨别，成年雄鸟此处为褐红色，成鸟雌鸟则为橄榄褐色）。

生活习性：麻雀是与人类伴生的鸟类，栖息于居民点和田野附近。主要以杂草种子和野生禾本科植物的种子为食，育雏则主要以为害禾本科植物的昆虫为食。

分布范围：欧洲、中东、中亚和东亚及东南亚。留鸟，钱江源国家公园内常见。（徐良怀摄）

17.34 鹡鸰科 Motacillidae

17.34.1 黄鹡鸰 *Motacilla tschutschensis*

外形特征： 中等体型（体长约18cm）的带褐色或橄榄色的鹡鸰。似灰鹡鸰但背橄榄绿色或橄榄褐色而非灰色，尾较短，飞行时无白色翼纹或黄色腰。

生活习性： 栖息于低山丘陵、平原以及海拔4000m以上的高原和山地。食物主要有蚁、蚋、浮尘子以及鞘翅目和鳞翅目昆虫等。

分布范围： 繁殖于欧洲至西伯利亚及阿拉斯加；南迁至印度、中国、东南亚及澳大利亚。旅鸟，钱江源国家公园内偶见。（牛蜀军摄）

17.34.2 灰鹡鸰 *Motacilla cinerea*

俗　　名： 黄腹灰鹡鸰、黄鸰、灰鸰等。

外形特征： 体长约19cm。头部和背部深灰色。尾上覆羽黄色，中央尾羽褐色，最外侧1对黑褐色具大形白斑。眉纹白色。

生活习性： 栖息于海拔400~2000m的山区、河谷、池畔等各类生境中。主要以昆虫为食，此外也捕食蜘蛛等其他小型无脊椎动物。

分布范围： 繁殖于欧洲至西伯利亚及阿拉斯加；南迁至非洲、印度、东南亚及澳大利亚。冬候鸟，钱江源国家公园内常见。（徐良怀摄）

17.34.3 白鹡鸰 *Motacilla alba*

俗　　名： 白颊鹡鸰、白面鸟、眼纹鹡鸰等。

外形特征： 体长约20cm。前额和脸颊白色，头顶和后颈黑色。体羽上体灰色，下体白色，两翼及尾黑白相间。

生活习性： 主要栖息于河流、湖泊、水库、水塘等水域岸边。主要以昆虫为食。

分布范围： 非洲、欧洲及亚洲。繁殖于东亚的鸟南迁至东南亚越冬。留鸟，钱江源国家公园内常见。（汪福海摄）

17.34.4 田鹨 *Anthus richardi*

外形特征：体大（体长约 18cm）、腿长的褐色而具纵纹的鹨。栖息于开阔草地上。上体多具褐色纵纹，眉纹浅皮黄色；下体皮黄色，胸具婶色纵纹。

生活习性：喜生活于开阔沿海或山区草甸、火烧过的草地及放干的稻田中。站在地面时姿势甚直。飞行时呈波状，每次跌飞均发出叫声。

分布范围：中亚、印度、中国、蒙古及西伯利亚和东南亚。夏候鸟，钱江源国家公园内偶见。（牛蜀军摄）

17.34.5 树鹨 *Anthus hodgsoni*

俗　　名：麦如蓝儿、木鹨。

外形特征：体长约 15cm。具粗显的白色眉纹。与其他鹨的区别在于上体纵纹较少，喉及两胁皮黄色，胸及两胁黑色纵纹浓密。

生活习性：繁殖期间主要栖息在海拔 1000m 以上的阔叶林、针阔叶混交林和针叶林等山地森林中。主要以小型无脊椎动物为食，此外还取食苔藓、谷粒、杂草种子等植物。

分布范围：繁殖于东亚；冬季迁至印度、东南亚。冬候鸟，钱江源国家公园内常见。（徐良怀摄）

17.34.6 水鹨 *Anthus spinoletta*

外形特征：中等体型（体长约 15cm）的灰褐色且具纵纹的鹨。头顶具细纹，眉纹显著。

生活习性：栖息于 900 ~ 1300m 的山地森林、草地、农田等处。食物以昆虫为主。

分布范围：中国；越冬至印度北部的平原地带。冬候鸟，钱江源国家公园内常见。（牛蜀军摄）

17.34.7 山鹨 *Anthus sylvanus*

外形特征：体长约 17cm。眉纹白。似理氏鹨及田鹨但褐色较浓，下体纵纹范围较大，嘴较短而粗，后爪较短且叫声不同。尾羽窄而尖，小翼羽浅黄色。

生活习性：主要栖息于 1000 ~ 3000m 的灌丛、草坡地带。以昆虫为主食。

分布范围：中国南部。留鸟，钱江源国家公园内偶见。（吴志华摄）

17.35 燕雀科 Fringillidae

17.35.1 燕雀 *Fringilla montifringilla*

俗　　名：虎皮燕雀、虎皮雀、花鸡、花雀。

外形特征：斑纹分明的壮实型雀鸟。体长14～17cm。嘴粗壮而尖，呈圆锥状。胸棕色而腰白色。

生活习性：栖息于阔叶林、针阔叶混交林和针叶林等各类森林中。主要以植物为食。

分布范围：古北区北部。冬候鸟，钱江源国家公园常见。（徐良怀摄）

雌

雄

17.35.2 黑尾蜡嘴雀 *Eophona migratoria*

俗　　名：蜡嘴、小桑嘴、皂儿（雄性）、灰儿（雌性）。

外形特征：体型略大（体长约17cm）而墩实的雀鸟。黄色的嘴硕大而端黑色。繁殖期雄鸟外形极似有黑色头罩的大型灰雀，体灰色，两翼近黑色。雌鸟似雄鸟，但头部黑色少。幼鸟似雌鸟，但褐色较重。

生活习性：栖息于低山和山脚平原地带的阔叶林、针阔叶混交林、次生林和人工林中。主要以植物为食，兼食部分昆虫。

分布范围：西伯利亚东部、朝鲜、日本南部及中国东部，越冬至中国南方。冬候鸟，钱江源国家公园内偶见。（徐良怀摄）

17.35.3 金翅雀 *Chloris sinica*

俗　　名：黄弹鸟、黄楠鸟、芦花黄雀等。

外形特征：体小（体长约13cm）的黄色、灰色及褐色雀鸟。双翅的飞羽黑褐色，但基部有宽阔的黄色翼斑，所谓"金翅"即指这一部分的羽毛颜色。

生活习性：适合金翅雀的生境非常多样，其垂直分布可达海拔2400m的高山区，但在低山和平原地区金翅雀也是常见鸟种。食物主要是各种草本植物的种子，偶尔取食昆虫。

分布范围：西伯利亚东南部、蒙古、日本、中国东部、越南。留鸟，钱江源国家公园常见。（陈炳发摄）

17.35.4 黄雀 *Spinus spinus*

俗　　名：黄鸟、金雀、芦花黄雀。

外形特征：体型甚小（体长约11.5cm）的雀鸟。嘴短，翼上具醒目的黑色及黄色条纹。成体雄鸟的顶冠及额黑色，头侧、腰及尾基部亮黄色。雌鸟色暗而多纵纹，顶冠和额无黑色。

生活习性：生活于山林、丘陵和平原地带，秋季和冬季多见于平原地区或山脚林带避风处。食多种昆虫，兼食植物嫩芽及杂草籽实等。

分布范围：分布不连贯，由欧洲至中东及东亚。冬候鸟，钱江源国家公园内常见。（徐良怀摄）

17.36 鹀 科 Emberizidae

17.36.1 凤头鹀 *Melophus lathami*

俗　　名：凤头雀。

外形特征：体大（体长约17cm）的深色鹀。具特征性的细长羽冠。雄鸟辉黑色，两翼及尾栗色，尾端黑色。雌鸟深橄榄褐色，上背及胸满布纵纹，较雄鸟的羽冠为短，翼羽色深且羽缘栗色。

生活习性：栖于我国南方大部分丘陵开阔地面及矮草地。食物以植物为主，也取食少量昆虫。

分布范围：印度、中国东南部及中南半岛北部。留鸟，钱江源国家公园内偶见。（卢立群摄）

17.36.2 三道眉草鹀 *Emberiza cioides*

俗　　名：大白眉、三道眉、犁雀儿、韩鹀、山带子、山麻雀、小栗鹀。

外形特征：体型略大（体长约16cm）的棕色鹀。具醒目的黑白色头部图纹和栗色的胸带，以及白色的眉纹、上髭纹并颊及喉。

生活习性：栖息在草丛中、矮灌木间、岩石上，或空旷而无掩蔽的地面、玉米秆、电线或电线杆上等。冬、春季食谱以野草的种子为主，夏季以昆虫为主。

分布范围：西伯利亚南部、蒙古、中国北部及东部，东至日本。留鸟，钱江源国家公园内常见。（徐良怀摄）

17.36.3 白眉鹀 *Emberiza tristrami*

外形特征： 中等体型（体长约 15cm）的鹀。头具显著条纹。成年雄鸟头部有黑白色图纹，喉黑色，腰棕色而无纵纹。雌鸟及非繁殖期雄鸟色暗，头部对比较少，但图纹似繁殖期的雄鸟，仅额色浅。

生活习性： 栖息于海拔 700～1100m 的低山针阔叶混交林、针叶林和阔叶林、林缘次生林、林间空地、溪流沿岸森林。主要以草籽为食，兼食昆虫及其幼虫等。

分布范围： 中国东北及西伯利亚邻近地区，越冬至中国南方，偶尔见于缅甸北部及越南北部。冬候鸟，钱江源国家公园内常见。（徐良怀摄）

17.36.4 栗耳鹀 *Emberiza fucata*

外形特征： 体型略大（体长约 16cm）的鹀。繁殖期雄鸟的栗色耳羽与灰色的顶冠及颈侧成对比。雌鸟及非繁殖期雄鸟相似，但色彩较淡而少特征，似第一冬的圃鹀，但区别在于耳羽及腰多棕色，尾侧多白色。

生活习性： 喜栖息于低山区或半山区的河谷沿岸草甸、森林迹地形成的湿草甸或草甸加杂稀疏的灌丛中。

分布范围： 中国、蒙古东部及西伯利亚东部；越冬至朝鲜、日本南部及中南半岛北部。旅鸟，钱江源国家公园内常见。（范忠勇摄）

17.36.5 小鹀 *Emberiza pusilla*

外形特征： 体小（体长约 13cm）且具纵纹的鹀。头具条纹，雄雌同色。辨识特征为腰灰色，下体纵纹黑色，下体偏白色。

生活习性： 主要以植物为食，兼食昆虫等动物。

分布范围： 繁殖在欧洲极北部及亚洲北部；冬季南迁至印度东北部、中国及东南亚。冬候鸟，钱江源国家公园常见。（徐良怀摄）

17.36.6 黄眉鹀 *Emberiza chrysophrys*

外形特征：体型略小（体长约15cm）的鹀。头具条纹。似白眉鹀，但眉纹前半部黄色，下体更白且多纵纹，翼斑也更白，腰更显斑驳且尾色较重。黄眉鹀的黑色下颊纹比白眉鹀明显，并分散而融入胸部纵纹中。

生活习性：通常见于林缘的次生灌丛中。常与其他鹀混群。

分布范围：繁殖于俄罗斯贝加尔湖以北，越冬在中国南方。冬候鸟，钱江源国家公园内偶见。（徐良怀摄）

17.36.7 田鹀 *Emberiza rustica*

外形特征：体型略小（体长约14.5cm）而色彩明快的鹀。腹部白色。成年雄鸟头具黑白色条纹，颈背、胸带、两胁纵纹及腰棕色，略具羽冠。雌鸟及非繁殖期雄鸟相似，但白色部位色暗，染皮黄色的脸颊后方通常具一近白色点斑。

生活习性：冬季常到农家篱笆上和打谷场觅食，或在城市林荫道及庭院的高树上活动。食物以各种谷物为主，并有杂草种子等。

分布范围：分布于欧洲大部分，从挪威、芬兰至美国，向东经西伯利亚至堪察加半岛，南至日本、朝鲜半岛和中国。冬候鸟，钱江源国家公园内偶见。（徐良怀摄）

17.36.8 黄喉鹀 *Emberiza elegans*

外形特征：中等体型（体长约15cm）的鹀。腹白色，头部图纹为清楚的黑色及黄色，具短羽冠。雌鸟似雄鸟但色暗，褐色取代黑色，皮黄色取代黄色；下喉部不具有黑色的围脖。

生活习性：栖息于低山、丘陵地带的次生林、阔叶林、针阔叶混交林的林缘灌丛中。平时以植物为主要食物，在繁殖季节则以森林昆虫及其幼虫为主要食物。

分布范围：分布于俄罗斯、朝鲜、日本和中国等。冬候鸟，钱江源国家公园内偶见。（徐良怀摄）

17.36.9 黄胸鹀 *Emberiza aureola*

外形特征：中等体型（体长约 15cm）且色彩鲜亮的鹀。额、头顶、头侧、颏及上喉均为黑色，翕及尾上覆羽栗褐色；上体余部栗色；中覆羽白色，形成非常明显的白斑。

生活习性：喜欢在平原的灌丛、苇丛、农田等低矮植物构成的生境中活动。主要以昆虫及其幼虫为食，兼食部分小型无脊椎动物以及植物。

分布范围：分布于北欧至西伯利亚、日本北部和中国，冬季在印度等地。旅鸟，钱江源国家公园内偶见。（徐良怀摄）

17.36.10 栗鹀 *Emberiza rutila*

外形特征：体型略小（体长约 15cm）的栗色和黄色鹀。与雌性黄胸鹀及灰头鹀的区别在于腰棕色，且无白色翼斑或尾部白色边缘。

生活习性：喜在有低矮灌丛的开阔针叶林、针阔叶混交林及落叶林中活动。

分布范围：繁殖于西伯利亚南部及外贝加尔泰加林南部，越冬至中国南方及东南亚。旅鸟，钱江源国家公园内偶见。（徐良怀摄）

17.36.11 灰头鹀 *Emberiza spodocephala*

外形特征：体小（体长约14cm）的黑色及黄色鹀。冬季雄鸟与硫黄鹀的区别在于无黑色眼先。

生活习性：广泛活动于海拔3000m以下的平原和中高山地区。冬、春季食物以植物为主，夏季以昆虫为主。

分布范围：繁殖于西伯利亚、日本、中国东北及中西部，越冬至中国南方。冬候鸟，钱江源国家公园内常见。〔徐良怀摄〕

参考文献

［1］郑光美，张词祖 . 中国野鸟 . 北京：中国林业出版社，2002.

［2］郑光美 . 中国鸟类分类与分布名录 . 3 版 . 北京：科学出版社，2017.

［3］钱燕文 . 中国鸟类图鉴 . 郑州：河南科学技术出版社，1995.

［4］诸葛阳 . 浙江动物志：鸟类 . 杭州：浙江科学技术出版社，1990.

［5］康熙民 . 杭州野鸟 . 杭州：杭州出版社，2008.

［6］丁平，方震凡，陈水华 . 千岛湖鸟类 . 北京：高等教育出版社，2012.

钱江源国家公园鸟类名录

	中文名	拉丁学名	季节型	保护级别
一	鸡形目	Galliformes		
（一）	雉　科	Phasianidae		
001	灰胸竹鸡	*Bambusicola thoracicus*	留鸟	
002	勺鸡	*Pucrasia macrolopha*	留鸟	国家 II 级重点保护野生动物
003	白鹇	*Lophura nycthemera*	留鸟	国家 II 级重点保护野生动物
004	白颈长尾雉	*Syrmaticus ellioti*	留鸟	国家 I 级重点保护野生动物
005	环颈雉	*Phasianus colchicus*	留鸟	
二	雁形目	Anseriformes		
（二）	鸭　科	Anatidae		
006	鸿雁	*Anser cygnoid*	冬候鸟	
007	豆雁	*Anser fabalis*	冬候鸟	
008	灰雁	*Anser anser*	冬候鸟	
009	白额雁	*Anser albifrons*	冬候鸟	国家 II 级重点保护野生动物
010	小天鹅	*Cygnus columbianus*	冬候鸟	国家 II 级重点保护野生动物
011	鸳鸯	*Aix galericulata*	冬候鸟	国家 II 级重点保护野生动物
012	赤颈鸭	*Mareca penelope*	冬候鸟	
013	绿头鸭	*Anas platyrhynchos*	冬候鸟	
014	斑嘴鸭	*Anas zonorhyncha*	冬候鸟	
015	针尾鸭	*Anas acuta*	冬候鸟	
016	绿翅鸭	*Anas crecca*	冬候鸟	
017	凤头潜鸭	*Aythya fuligula*	冬候鸟	
三	䴙䴘目	Podicipediformes		
（三）	䴙䴘科	Podicipedidae		
018	小䴙䴘	*Tachybaptus ruficollis*	留鸟	
019	凤头䴙䴘	*Podiceps cristatus*	冬候鸟	

	中文名	拉丁学名	季节型	保护级别
四	鸽形目	Columbiformes		
（四）	鸠鸽科	Columbidae		
020	山斑鸠	*Streptopelia orientalis*	留鸟	
021	珠颈斑鸠	*Streptopelia chinensis*	留鸟	
五	夜鹰目	Caprimulgiformes		
（五）	夜鹰科	Caprimulgidae		
022	普通夜鹰	*Caprimulgus indicus*	夏候鸟	
（六）	雨燕科	Apodidae		
023	白腰雨燕	*Apus pacificus*	夏候鸟	
024	小白腰雨燕	*Apus nipalensis*	夏候鸟	
六	鹃形目	Cuculiformes		
（七）	杜鹃科	Cuculidae		
025	小鸦鹃	*Centropus bengalensis*	留鸟	国家Ⅱ级重点保护野生动物
026	红翅凤头鹃	*Clamator coromandus*	夏候鸟	
027	噪鹃	*Eudynamys scolopaceus*	夏候鸟	
028	四声杜鹃	*Cuculus micropterus*	夏候鸟	
029	中杜鹃	*Cuculus saturatus*	夏候鸟	
030	大杜鹃	*Cuculus canorus*	夏候鸟	
七	鹤形目	Gruiformes		
（八）	秧鸡科	Rallidae		
031	普通秧鸡	*Rallus indicus*	冬候鸟	
032	红脚田鸡	*Zapornia akool*	留鸟	
033	小田鸡	*Zapornia pusilla*	旅鸟	
034	红胸田鸡	*Zapornia fusca*	夏候鸟	
035	白胸苦恶鸟	*Amaurornis phoenicurus*	夏候鸟	
036	黑水鸡	*Gallinula chloropus*	留鸟	
037	白骨顶	*Fulica atra*	冬候鸟	
（九）	鹤　科	Gruidae		
038	白鹤	*Grus leucogeranus*	旅鸟	国家Ⅰ级重点保护野生动物
八	鸻形目	Charadriiformes		

	中文名	拉丁学名	季节型	保护级别
（十）	反嘴鹬科	Recurvirostridae		
039	黑翅长脚鹬	*Himantopus himantopus*	旅鸟	
040	反嘴鹬	*Recurvirostra avosetta*	旅鸟	
（十一）	鸻科	Charadriidae		
041	凤头麦鸡	*Vanellus vanellus*	冬候鸟	
042	灰头麦鸡	*Vanellus cinereus*	夏候鸟	
043	长嘴剑鸻	*Charadrius placidus*	旅鸟	
044	金眶鸻	*Charadrius dubius*	夏候鸟	
045	环颈鸻	*Charadrius alexandrinus*	冬候鸟	
（十二）	彩鹬科	Rostratulidae		
046	彩鹬	*Rostratula benghalensis*	留鸟	
（十三）	水雉科	Jacanidae		
047	水雉	*Hydrophasianus chirurgus*	夏候鸟	
（十四）	鹬科	Scolopacidae		
048	扇尾沙锥	*Gallinago gallinago*	冬候鸟	
049	黑尾塍鹬	*Limosa limosa*	旅鸟	
050	青脚鹬	*Tringa nebularia*	冬候鸟	
051	白腰草鹬	*Tringa ochropus*	冬候鸟	
052	林鹬	*Tringa glareola*	旅鸟	
053	矶鹬	*Actitis hypoleucos*	冬候鸟	
054	黑腹滨鹬	*Calidris alpina*	冬候鸟	
（十五）	鸥科	Laridae		
055	红嘴鸥	*Chroicocephalus ridibundus*	冬候鸟	
056	灰翅浮鸥	*Chlidonias hybrida*	旅鸟	
九	鲣鸟目	Suliformes		
（十六）	鸬鹚科	Phalacrocoracidae		
057	普通鸬鹚	*Phalacrocorax carbo*	留鸟	
十	鹈形目	Pelecaniformes		
（十七）	鹮科	Threskiornithidae		
058	白琵鹭	*Platalea leucorodia*	冬候鸟	国家 II 级重点保护野生动物

	中文名	拉丁学名	季节型	保护级别
（十八）	鹭 科	Ardeidae		
059	黄斑苇鳽	*Ixobrychus sinensis*	夏候鸟	
060	紫背苇鳽	*Ixobrychus eurhythmus*	夏候鸟	
061	黑苇鳽	*Ixobrychus flavicollis*	夏候鸟	
062	夜鹭	*Nycticorax nycticorax*	留鸟	
063	绿鹭	*Butorides striata*	夏候鸟	
064	池鹭	*Ardeola bacchus*	夏候鸟	
065	牛背鹭	*Bubulcus ibis*	夏候鸟	
066	苍鹭	*Ardea cinerea*	留鸟	
067	草鹭	*Ardea purpurea*	夏候鸟	
068	大白鹭	*Ardea alba*	夏候鸟	
069	中白鹭	*Ardea intermedia*	夏候鸟	
070	白鹭	*Egretta garzetta*	留鸟	
十一	鹰形目	Accipitriformes		
（十九）	鹰 科	Accipitridae		
071	黑翅鸢	*Elanus caeruleus*	留鸟	国家Ⅱ级重点保护野生动物
072	黑冠鹃隼	*Aviceda leuphotes*	夏候鸟	国家Ⅱ级重点保护野生动物
073	蛇雕	*Spilornis cheela*	留鸟	国家Ⅱ级重点保护野生动物
074	林雕	*Ictinaetus malaiensis*	留鸟	国家Ⅱ级重点保护野生动物
075	白腹隼雕	*Aquila fasciata*	留鸟	国家Ⅱ级重点保护野生动物
076	凤头鹰	*Accipiter trivirgatus*	留鸟	国家Ⅱ级重点保护野生动物
077	赤腹鹰	*Accipiter soloensis*	留鸟	国家Ⅱ级重点保护野生动物
078	松雀鹰	*Accipiter virgatus*	留鸟	国家Ⅱ级重点保护野生动物
079	雀鹰	*Accipiter nisus*	冬候鸟	国家Ⅱ级重点保护野生动物
080	黑鸢	*Milvus migrans*	留鸟	国家Ⅱ级重点保护野生动物
081	毛脚鵟	*Buteo lagopus*	冬候鸟	国家Ⅱ级重点保护野生动物
082	普通鵟	*Buteo japonicus*	冬候鸟	国家Ⅱ级重点保护野生动物
十二	鸮形目	Strigiformes		
（二十）	鸱鸮科	Strigidae		
083	领角鸮	*Otus lettia*	留鸟	国家Ⅱ级重点保护野生动物

	中文名	拉丁学名	季节型	保护级别
084	红角鸮	*Otus sunia*	留鸟	国家Ⅱ级重点保护野生动物
085	雕鸮	*Bubo bubo*	留鸟	国家Ⅱ级重点保护野生动物
086	褐林鸮	*Strix leptogrammica*	留鸟	国家Ⅱ级重点保护野生动物
087	领鸺鹠	*Glaucidium brodiei*	留鸟	国家Ⅱ级重点保护野生动物
088	斑头鸺鹠	*Glaucidium cuculoides*	留鸟	国家Ⅱ级重点保护野生动物
089	鹰鸮	*Ninox scutulata*	留鸟	国家Ⅱ级重点保护野生动物
090	短耳鸮	*Asio flammeus*	冬候鸟	国家Ⅱ级重点保护野生动物
（二十一）	草鸮科	Tytonidae		
091	草鸮	*Tyto longimembris*	留鸟	国家Ⅱ级重点保护野生动物
十三	犀鸟目	Bucerotiformes		
（二十二）	戴胜科	Upupidae		
092	戴胜	*Upupa epops*	旅鸟	
十四	佛法僧目	Coraciiformes		
（二十三）	佛法僧科	Coraciidae		
093	三宝鸟	*Eurystomus orientalis*	夏候鸟	
（二十四）	翠鸟科	Alcedinidae		
094	白胸翡翠	*Halcyon smyrnensis*	留鸟	
095	蓝翡翠	*Halcyon pileata*	夏候鸟	
096	普通翠鸟	*Alcedo atthis*	留鸟	
097	冠鱼狗	*Megaceryle lugubris*	留鸟	
098	斑鱼狗	*Ceryle rudis*	留鸟	
十五	啄木鸟目	Piciformes		
（二十五）	拟啄木鸟科	Capitonidae		
099	大拟啄木鸟	*Psilopogon virens*	留鸟	
（二十六）	啄木鸟科	Picidae		
100	蚁䴕	*Jynx torquilla*	冬候鸟	
101	斑姬啄木鸟	*Picumnus innominatus*	留鸟	
102	星头啄木鸟	*Dendrocopos canicapillus*	留鸟	
103	大斑啄木鸟	*Dendrocopos major*	留鸟	
104	灰头绿啄木鸟	*Picus canus*	留鸟	

	中文名	拉丁学名	季节型	保护级别
105	黄嘴粟啄木鸟	*Blythipicus pyrrhotis*	留鸟	
十六	隼形目	Falconiformes		
（二十七）	隼 科	Falconidae		
106	红隼	*Falco tinnunculus*	留鸟	国家 II 级重点保护野生动物
107	红脚隼	*Falco amurensis*	旅鸟	国家 II 级重点保护野生动物
108	游隼	*Falco peregrinus*	冬候鸟	国家 II 级重点保护野生动物
十七	雀形目	Passeriformes		
（二十八）	八色鸫科	Pittidae		
109	仙八色鸫	*Pitta nympha*	夏候鸟	国家 II 级重点保护野生动物
（二十九）	莺雀科	Vireonidae		
110	淡绿鸱鹛	*Pteruthius xanthochlorus*	留鸟	
（三十）	山椒鸟科	Campephagidae		
111	小灰山椒鸟	*Pericrocotus cantonensis*	夏候鸟	
112	灰山椒鸟	*Pericrocotus divaricatus*	夏候鸟	
113	灰喉山椒鸟	*Pericrocotus solaris*	留鸟	
（三十一）	卷尾科	Dicruridae		
114	黑卷尾	*Dicrurus macrocercus*	夏候鸟	
115	灰卷尾	*Dicrurus leucophaeus*	夏候鸟	
116	发冠卷尾	*Dicrurus hottentottus*	夏候鸟	
（三十二）	王鹟科	Monarchidae		
117	寿带	*Terpsiphone incei*	夏候鸟	
（三十三）	伯劳科	Laniidae		
118	牛头伯劳	*Lanius bucephalus*	冬候鸟	
119	红尾伯劳	*Lanius cristatus*	旅鸟	
120	棕背伯劳	*Lanius schach*	留鸟	
（三十四）	鸦 科	Corvidae		
121	松鸦	*Garrulus glandarius*	留鸟	
122	红嘴蓝鹊	*Urocissa erythroryncha*	留鸟	
123	灰树鹊	*Dendrocitta formosae*	留鸟	
124	喜鹊	*Pica pica*	留鸟	

	中文名	拉丁学名	季节型	保护级别
125	秃鼻乌鸦	*Corvus frugilegus*	留鸟	
126	白颈鸦	*Corvus pectoralis*	留鸟	
127	大嘴乌鸦	*Corvus macrorhynchos*	留鸟	
（三十五）	玉鹟科	Stenostiridae		
128	方尾鹟	*Culicicapa ceylonensis*	迷鸟	
（三十六）	山雀科	Paridae		
129	黄腹山雀	*Pardaliparus venustulus*	留鸟	
130	大山雀	*Parus cinereus*	留鸟	
（三十七）	攀雀科	Remizidae		
131	中华攀雀	*Remiz consobrinus*	冬候鸟	
（三十八）	百灵科	Alaudidae		
132	小云雀	*Alauda gulgula*	冬候鸟	
（三十九）	扇尾莺科	Cisticolidae		
133	棕扇尾莺	*Cisticola juncidis*	留鸟	
134	山鹪莺	*Prinia crinigera*	留鸟	
135	黄腹山鹪莺	*Prinia flaviventris*	留鸟	
136	纯色山鹪莺	*Prinia inornata*	留鸟	
（四十）	苇莺科	Acrocephalidae		
137	东方大苇莺	*Acrocephalus orientalis*	夏候鸟	
138	黑眉苇莺	*Acrocephalus bistrigiceps*	夏候鸟	
139	远东苇莺	*Acrocephalus tangorum*	旅鸟	
（四十一）	蝗莺科	Locustellidae		
140	矛斑蝗莺	*Locustella lanceolata*	旅鸟	
（四十二）	燕科	Hirundinidae		
141	家燕	*Hirundo rustica*	夏候鸟	
142	金腰燕	*Cecropis daurica*	夏候鸟	
（四十三）	鹎科	Pycnonotidae		
143	领雀嘴鹎	*Spizixos semitorques*	留鸟	
144	黄臀鹎	*Pycnonotus xanthorrhous*	留鸟	
145	白头鹎	*Pycnonotus sinensis*	留鸟	

	中文名	拉丁学名	季节型	保护级别
146	绿翅短脚鹎	*Ixos mcclellandii*	留鸟	
147	栗背短脚鹎	*Hemixos castanonotus*	留鸟	
148	黑短脚鹎	*Hypsipetes leucocephalus*	留鸟	
（四十四）	柳莺科	Phylloscopidae		
149	褐柳莺	*Phylloscopus fuscatus*	旅鸟	
150	黄腰柳莺	*Phylloscopus proregulus*	冬候鸟	
151	黄眉柳莺	*Phylloscopus inornatus*	旅鸟	
152	冕柳莺	*Phylloscopus coronatus*	旅鸟	
（四十五）	树莺科	Cettiidae		
153	棕脸鹟莺	*Abroscopus albogularis*	留鸟	
154	远东树莺	*Horornis canturians*	旅鸟	
155	强脚树莺	*Horornis fortipes*	留鸟	
（四十六）	长尾山雀科	Aegithalidae		
156	红头长尾山雀	*Aegithalos concinnus*	留鸟	
（四十七）	莺鹛科	Sylviidae		
157	棕头鸦雀	*Sinosuthora webbiana*	留鸟	
158	灰头鸦雀	*Psittiparus gularis*	留鸟	
159	点胸鸦雀	*Paradoxornis guttaticollis*	留鸟	
160	震旦鸦雀	*Paradoxornis heudei*	留鸟	
（四十八）	绣眼鸟科	Zosteropidae		
161	栗耳凤鹛	*Yuhina castaniceps*	留鸟	
162	暗绿绣眼鸟	*Zosterops japonicus*	留鸟	
（四十九）	林鹛科	Timaliidae		
163	华南斑胸钩嘴鹛	*Erythrogenys swinhoei*	留鸟	
164	棕颈钩嘴鹛	*Pomatorhinus ruficollis*	留鸟	
165	红头穗鹛	*Cyanoderma ruficeps*	留鸟	
（五十）	幽鹛科	Pellorneidae		
166	褐顶雀鹛	*Schoeniparus brunneus*	留鸟	
167	灰眶雀鹛	*Alcippe morrisonia*	留鸟	
（五十一）	噪鹛科	Leiothrichidae		

	中文名	拉丁学名	季节型	保护级别
168	画眉	*Garrulax canorus*	留鸟	
169	灰翅噪鹛	*Garrulax cineraceus*	留鸟	
170	黑脸噪鹛	*Garrulax perspicillatus*	留鸟	
171	小黑领噪鹛	*Garrulax monileger*	留鸟	
172	黑领噪鹛	*Garrulax pectoralis*	留鸟	
173	棕噪鹛	*Garrulax berthemyi*	留鸟	
174	白颊噪鹛	*Garrulax sannio*	留鸟	
175	红嘴相思鸟	*Leiothrix lutea*	留鸟	
（五十二）	河乌科	Cinclidae		
176	褐河乌	*Cinclus pallasii*	留鸟	
（五十三）	椋鸟科	Sturnidae		
177	八哥	*Acridotheres cristatellus*	留鸟	
178	丝光椋鸟	*Spodiopsar sericeus*	留鸟	
179	灰椋鸟	*Spodiopsar cineraceus*	冬候鸟	
180	黑领椋鸟	*Gracupica nigricollis*	留鸟	
（五十四）	鸫科	Turdidae		
181	橙头地鸫	*Geokichla citrina*	夏候鸟	
182	白眉地鸫	*Geokichla sibirica*	旅鸟	
183	虎斑地鸫	*Zoothera aurea*	冬候鸟	
184	灰背鸫	*Turdus hortulorum*	冬候鸟	
185	乌灰鸫	*Turdus cardis*	旅鸟	
186	乌鸫	*Turdus mandarinus*	留鸟	
187	白眉鸫	*Turdus obscurus*	旅鸟	
188	白腹鸫	*Turdus pallidus*	冬候鸟	
189	斑鸫	*Turdus eunomus*	冬候鸟	
（五十五）	鹟科	Muscicapidae		
190	红尾歌鸲	*Larvivora sibilans*	旅鸟	
191	红喉歌鸲	*Calliope calliope*	旅鸟	
192	红胁蓝尾鸲	*Tarsiger cyanurus*	冬候鸟	
193	蓝短翅鸫	*Brachypteryx montana*	留鸟	

	中文名	拉丁学名	季节型	保护级别
194	鹊鸲	*Copsychus saularis*	留鸟	
195	北红尾鸲	*Phoenicurus auroreus*	冬候鸟	
196	红尾水鸲	*Rhyacornis fuliginosa*	留鸟	
197	紫啸鸫	*Myophonus caeruleus*	留鸟	
198	小燕尾	*Enicurus scouleri*	留鸟	
199	灰背燕尾	*Enicurus schistaceus*	留鸟	
200	白额燕尾	*Enicurus leschenaulti*	留鸟	
201	黑喉石䳭	*Saxicola maurus*	冬候鸟	
202	蓝矶鸫	*Monticola solitarius*	冬候鸟	
203	栗腹矶鸫	*Monticola rufiventris*	留鸟	
204	白喉矶鸫	*Monticola gularis*	旅鸟	
205	灰纹鹟	*Muscicapa griseisticta*	旅鸟	
206	北灰鹟	*Muscicapa dauurica*	旅鸟	
207	白眉姬鹟	*Ficedula zanthopygia*	旅鸟	
208	鸲姬鹟	*Ficedula mugimaki*	旅鸟	
209	白腹蓝鹟	*Cyanoptila cyanomelana*	旅鸟	
（五十六）	丽星鹩鹛科	Elachuridae		
210	丽星鹩鹛	*Elachura formosa*	留鸟	
（五十七）	叶鹎科	Chloropseidae		
211	橙腹叶鹎	*Chloropsis hardwickii*	留鸟	
（五十八）	花蜜鸟科	Nectariniidae		
212	叉尾太阳鸟	*Aethopyga christinae*	留鸟	
（五十九）	梅花雀科	Estrildidae		
213	白腰文鸟	*Lonchura striata*	留鸟	
214	斑文鸟	*Lonchura punctulata*	留鸟	
（六十）	雀科	Passeridae		
215	山麻雀	*Passer cinnamomeus*	留鸟	
216	麻雀	*Passer montanus*	留鸟	
（六十一）	鹡鸰科	Motacillidae		
217	黄鹡鸰	*Motacilla tschutschensis*	旅鸟	

	中文名	拉丁学名	季节型	保护级别
218	灰鹡鸰	*Motacilla cinerea*	冬候鸟	
219	白鹡鸰	*Motacilla alba*	留鸟	
220	田鹨	*Anthus richardi*	夏候鸟	
221	树鹨	*Anthus hodgsoni*	冬候鸟	
222	水鹨	*Anthus spinoletta*	冬候鸟	
223	山鹨	*Anthus sylvanus*	留鸟	
（六十二）	燕雀科	Fringillidae		
224	燕雀	*Fringilla montifringilla*	冬候鸟	
225	黑尾蜡嘴雀	*Eophona migratoria*	冬候鸟	
226	金翅雀	*Chloris sinica*	留鸟	
227	黄雀	*Spinus spinus*	冬候鸟	
（六十三）	鹀 科	Emberizidae		
228	凤头鹀	*Melophus lathami*	留鸟	
229	三道眉草鹀	*Emberiza cioides*	留鸟	
230	白眉鹀	*Emberiza tristrami*	冬候鸟	
231	栗耳鹀	*Emberiza fucata*	旅鸟	
232	小鹀	*Emberiza pusilla*	冬候鸟	
233	黄眉鹀	*Emberiza chrysophrys*	冬候鸟	
234	田鹀	*Emberiza rustica*	冬候鸟	
235	黄喉鹀	*Emberiza elegans*	冬候鸟	
236	黄胸鹀	*Emberiza aureola*	旅鸟	
237	栗鹀	*Emberiza rutila*	旅鸟	
238	灰头鹀	*Emberiza spodocephala*	冬候鸟	